◆ 青少年做人慧语丛书 ◆

一滴水的启示

YI DI SHUI DE QISHI

◎战晓书 编

吉林人民出版社

图书在版编目(CIP)数据

一滴水的启示 / 战晓书编. -- 长春:吉林人民出
版社,2012.7

(青少年做人慧语丛书)

ISBN 978-7-206-09129-2

Ⅰ.①一… Ⅱ.①战… Ⅲ.①集体主义 – 青年读物②
集体主义 – 少年读物 Ⅳ.①B822.2–49

中国版本图书馆 CIP 数据核字(2012)第 150948 号

一滴水的启示

YI DI SHUI DE QISHI

编　　者:战晓书

责任编辑:王　丹　　　　　　　　封面设计:七　洱

吉林人民出版社出版 发行(长春市人民大街7548号　邮政编码:130022)

印　　刷:北京市一鑫印务有限公司

开　　本:670mm×950mm　　　　　1/16

印　　张:13　　　　　　　　字　　数:150千字

标准书号:ISBN 978-7-206-09129-2

版　　次:2012年7月第1版　　　　印　　次:2023年6月第3次印刷

定　　价:45.00元

如发现印装质量问题,影响阅读,请与出版社联系调换。

目 录
CONTENTS

冬天的幸福 / 001

等待 / 003

青春是一种心态 / 006

超越痛苦 / 008

相濡以沫 / 010

处世独白 / 012

一切都会变 / 014

今年就做一件事情 / 016

不以小节损大德 / 018

简单做人 / 021

学会平视 / 023

不妨活得简单些 / 026

流光轻殒，红了樱桃绿了芭蕉 / 029

充满诗意地生活 / 033

简单的人更快乐 / 035

友情需要倾情浇灌 / 038

给未来留一把钥匙 / 039

火柴的胸襟 / 042

理想的种子一则 / 045

花未全开月未圆 / 046

花离枝头能有几时鲜 / 049

致命的垃圾 / 053

掌声芬芳 / 056

播下希望的种子 / 059

战胜自我 / 062

人格比美貌更有魅力 / 065

滴水与涌泉 / 069

青春的盲动 / 073

最美"熊猫女孩" / 076

一只杯子装沧海 / 079

做一枚闪闪发光的橙子 / 081

与其深沱，不如种花 / 084

世无绝对 / 087

千万别自寻烦恼　　　　　　　/ 089

让痛苦伴我们一生　　　　　　/ 093

珍惜对你说不的朋友　　　　　/ 096

最快的方式抵达幸福　　　　　/ 099

情到深处至简　　　　　　　　/ 102

埋头做事　水到渠成　　　　　/ 104

收藏快乐　　　　　　　　　　/ 109

处世首先要大度　　　　　　　/ 111

我是一块坚硬的石头　　　　　/ 114

没舍得　　　　　　　　　　　/ 115

当做大海纳百川　　　　　　　/ 116

品味简单　　　　　　　　　　/ 119

人活着，总得忙里偷点儿闲　　/ 121

来自一场婚礼的温暖　　　　　/ 124

善待生命　　　　　　　　　　/ 127

谢谢你赠我空欢喜　　　　　　/ 129

乱红飞过秋千去　　　　　　　/ 132

改造第二张名片　　　　　　　/ 135

陌生人的好意　　　　　　　　/ 138

如何对待 / 143

穿过雨巷 / 146

口袋里的秘密 / 149

暖胃米 / 152

美丽真情 / 155

"蜘蛛人"宣言：小人物也做大事情 / 158

且慢夸"星" /165

赢得好人缘的八大诀窍 /167

凡事看得简单些 /173

人生的境界 /175

哪一张脸是真实的 /177

侧身 /179

宽容，最美的德行 /182

做人之道在躬行 /185

人生若只如初见 /189

淡泊处世 /192

宽容的力量 /194

幸福胜过一切 /196

善待自己的最高境界 /198

冬天的幸福

对于寒冷，人们总是心怀忐忑，所以尽管全球气候已经变暖，人们还是希望冬天来得再温暖一些。而进入冬天之后，对于春天的期待也就显得格外迫切了。

其实对于冬天的幸福，倒是比其他季节更容易让人感受得到，也更加意味深长。"绿蚁新醅酒，红泥小火炉，晚来天欲雪，能饮一杯无？"这样的情调，曾经怎样地鼓噪起诗人的兴致并令人乐此不疲？"炉火照天地，红星乱紫烟，赧朗明月夜，歌声动寒川。"如此的场景，又是怎样地触动了诗人的情怀而令人心驰神往呢；尽管现代人的生活已经离它们越来越远，但那一盆炉火，那一杯村酿，那一派明亮，那一脉歌声，依然萦绕在现代人的心怀，挥之不去。

告别了夏天的热烈和躁动、秋天的丰腴和肃杀，冬天使我们的心情更趋于平静，因而变得更敏锐易感。对温暖、对阳光、对绿色、对生命，一点、一滴、一星、一缕；都会在我们心灵深处刻下印痕，甚或引起震颤。一位老人这样告诫我们：不要在冬天砍倒一棵树。这告诫会使我们原本易感的心灵变得更加充满善意和悲天悯人，一切生命都是在冬天里孕育。这是一件需要多么小心呵护的事情啊。

冬天的阳光最是惹人思恋。愈是酷寒冷冽，那云间透出的淡淡阳光愈能使我们心灵沉静、思绪调和：它落在屋脊上，落在枯叶上，洒进我们的斗室：这由天而降的信息与感觉是温暖而令人心怀冀盼的，周美成先生有诗云："冬曦如村酿，微温只须臾，行行正须此，恋恋忽已无。"实在是道出了冬天阳光的妙处。

在冬天，我们需要阳光胜过需要温暖，正因为只有阳光才是天赐的温暖。它呼唤着我们，要我们并肩携手团结在一起，而我们这颗纯朴的心，就仿佛成了冬天的阳光。

是冬天教我们懂得了珍惜。

我们怕漏掉一丝温暖；怕浪费一缕阳光，怕践踏一点绿色，怕损伤弱小的生命。这种珍惜是多么难能可贵呀。如果我们像感受冬天的温暖气样去感受人间真情，如果我们像呵护冬天的绿色一样去呵护一切生命，如果我们像热爱冬天的阳光一样去热爱今天的生活，那我们还不快乐，还不幸福吗？

（孙卫东）

等　待

　　如果一个人不能从飞逝岁月的等待中捕捉到智慧的影子，那么岁月将如流星划过长空，转瞬即逝，没有留下任何可以寻觅的痕迹。

　　如果一个人不能在生命长河的等待中采撷到勤奋的花蕊，那么生命将如秋天里被风吹落的残叶，索然无味，平淡无奇。

　　如果一个人不能从美好憧憬的等待中沉淀出拼搏的砂粒，那么憧憬永远是聊以自慰且虚无缥缈的梦境。

　　如果一个人不能从生活磨砺的等待中演绎出坚强的剧幕，那么成功与辉煌将与他擦肩而过，困惑中只能独自品尝生活留给他的苦涩。

　　等待是殷切的希望，是苦闷的超脱，是心灵的慰藉，是情感的寄托。

　　等待是一种矛盾的心境。面对春天的风沙，我们等待夏日的温暖；面对夏日的溽热，我们等待秋天的清凉；面对秋天的萧瑟，我们等待冬日的银装素裹；面对冬日的刺骨寒风，我们又等待春天的万物复苏。我们在等待中拨动岁月的琴弦，弹奏着春夏秋冬的时代交响乐。

等待是包罗万象的画卷。阳光是鲜花的等待，雨露是小草的等待，大雁是天空的等待，骏马是大地的等待，小溪是大江的等待，河流是山川的等待。

等待是一种情感的流露。当你身背行囊独走异乡时，别忘了父母的等待，因为那是一种揪心的等待，一种用任何语言都无法形容的痛苦的等待，等待中充满了挂念；充满了希望；当你身处逆境孤助无援时，别忘了挚友的等待，因为他们随时都在准备着与你共同承担困难，伴你共同走过生活中的风风雨雨，用他们最真挚最细腻的情感抚平你心灵的创伤。

等待是不同人的人生轨迹。在成功面前，有人等待的是别人的赞美，是鲜花和掌声，是接踵而至的荣誉，而有人等待的却是自我的警醒，是深深的思考，是面对下一次更大的挑战；在失败面前，有人等待的是奇迹的出现，等待中对前途感到彷徨和迷惘，而有人等待的却是新的机会的到来，等待中积蓄勇气和力量，奋勇前进，直到成功。

一个聪明的人，在漫长的等待中会寻找到机会，然后把它变成永久的财富，享之不尽，幸福永远。

一个睿智的人，在茫然的等待中会挖掘出才干，然后把它变成无穷的力量，披荆斩浪，遨游寰宇。

惊涛骇浪狂风大作是等待中奋发的变奏曲，湍急的漩涡和嶙峋的礁石是等待中崛起的策动力。

把等待交给历史迷人的画卷，扬起理想的风帆，让桨声荡碎空旷和沉默，焕发力量的蓬勃。

把等待交给前方绰约的诱惑，点燃奋斗的火炬，让烈火烧尽荆棘和阴霾，展示生命的辉煌。

（沈雪峰）

青春是一种心态

著名学者商承祚七十岁时写一首诗："九十可算老？八十不稀奇。七十难得计，六十小弟弟，四十五十满地爬，二十三十摇篮里。"这首诗形象地说出了青春不是年华，而是一种心态。

青春本质上不光是躯体结实，还必须具有坚定的意志，丰富的想象，饱满的情绪。在现实生活里，我们常常看到有些老人，竟比年轻人更具上述品质。瑞士有个96岁的马德祖·博雷尔老人，她自从在电视上看到了现代热气球、三角翼滑行器和斜坡降落伞后，就常在家人面前叨叨，说她非常想试试。家人起先以为她在开玩笑，但后来经不住老人多次软磨硬泡，终于答应让她乘一次斜坡降落伞作为给她的生日礼物。

这一天，马德祖·博雷尔兴致勃勃地在家人和医生的陪同下出发了。她的医生还是有些担心，因为起飞点高达海拔1450米，而一般说来这样年龄的老人爬高不应超过海拔1200米。老人不但没有不适反应，还爬了一段汽车不能行驶的山路。路边休息的游客给她让座，她却回答说："我今天不是来坐的，是来飞的。"她戴上头盔，穿上夹衣，脸上没有半点胆怯。陪她飞行的两位助手在斜坡上助跑了十来米，降落伞就起飞了……

20分钟后，马德祖·博雷尔降落在日内瓦湖畔的小城维尔纳夫。她兴奋异常地对跑来迎接她的家人说："真棒极了！太漂亮了！我像鸟一样自由飞翔，从空中看到了我熟悉的城堡、湖心岛屿和湖底水草，只是时间太短了！"

这位96岁的老人乘着降落伞在蓝天上飞翔，从高处俯视自己的家乡——日内瓦湖，创造了一项吉尼斯纪录。在她的身上我们看到的是生命之欢乐、奇迹之诱惑、孩童般之天真，是战胜懦弱的勇气和敢于冒险的精神，丝毫没有衰老的痕迹。

看来，我们实在需要从哲学的高度去追寻美好的青春的本质含义了。

宝贵的生命属于我们只有一次。而一个人在生命成长过程中，都不免由孩童而少年而青年而成年而老年，特别是到了老年阶段，更要锻炼和学习，尽可能保持身体健康，让心灵充满希望、欢乐、勇敢和信心，让青春在自己的人生之旅中永驻不衰，就能活得潇洒、充实而有作为。

（卢自润）

超越痛苦

　　痛苦是普遍的。谁也不希望痛苦，但谁也避免不了痛苦。每一个成功者的脚下，都有由痛苦铺垫的台阶，每一个胜利的光环都是由痛苦的念珠串成的。

　　痛苦是人生的老师。人，不经过长夜的痛苦，是不能了解人生的。如果我们将这些痛苦作为一种功课来学习，直到有一日感觉到成长时，甚至会感谢这种痛苦给我们的教导。

　　痛苦是一种宝贵的财富。经历过磨难和痛苦的人，才最知道和理解幸福的珍贵，才格外珍惜苦短的人生，并力求创造甜美的事业。经过大苦大难的人，胸怀尤其博大仁慈。

　　品味痛苦，把它默化成一种精神驱动，需要有坚忍的意志。对于坚强的人来说，痛苦可以弯曲你，但绝不能折断你。无论在任何困难险恶的环境和时节，都不会被沮丧和绝望所压倒，即使屡战屡败，也永不言倦。

　　超越痛苦，坚强并且韧性十足，抗争生活，抵御世俗庸常带来的种种压力，生活就会变得有滋有味，多了一些常人难以领略的华彩。

战胜痛苦是一种巨大的幸福。生活，常常在人们有了大多的痛苦之后，才给予他欢乐。虽然这欢乐是迟到的，但他与体验痛苦的感受是同样深刻的。

痛苦是对幸福的渴望。痛苦与幸福是互相规定的。正因为处在痛苦中，才热烈地向往幸福；正因为向往幸福，痛苦才更加不堪忍受。痛苦与幸福又是互相渗透的。最幸福的状态中也会包含某种若有所失、隐隐约约的痛苦，处于痛苦状态的人，由于意识到自己能承受和抵抗痛苦，心中也会升起做人的骄傲和自豪。

痛苦和幸福与人生同始终。当你身遭痛苦时，请从痛苦中挖掘幸福；当你奋力追求幸福时，请准备承受痛苦。

（王利亚）

相濡以沫

最真挚的友谊是相濡以沫的友谊；

最难忘的帮助是艰难岁月中的帮助。

生命无论落魄到何种地步，都没有理由绝望。所谓自助者得天助，只要自己咬着牙关挺住，总能得到扶助，也许就是那么关键的一助，你便步出沼泽，踏上平坦的大道。

回眸而望，自对那许以关键一助的朋友怀有感恩之情。

岁月淡化了许多记忆，有的只剩下灰白的模糊。但艰难土地上生长的友谊之树，却总是枝叶繁茂，青绿一片。风儿卷走许多残枝败叶，唯有这永不飘逝的情缘，吐绽着怀念与守望。

有时凝思默想，不禁热泪盈眶。

得意时的生命来者如云，花团锦簇，可曾记得那冰露中的一棵绿芽？得势时的生命波汹浪涌，卷起千堆霉，可曾记得那干涸时的一掬清流？

常思相濡以沫，真情溢满心头。

亲亲疏疏就普通生命而言，大致属于一种难以避免的情缘，但高居要位的人就不一样。高居要位而亲疏分明，是犯忌讳的，公道与义道毕竟大有所异。

故而便有人提出亲者疏，疏者亲。仔细寻思，还真是一个法子。

（欧阳斌）

处世独白

1

20世纪五六十年代，美国球坛有一名篮球明星，他叫利克·巴里。他的球艺之精湛几乎是无与伦比的，只要他在，他的球队便所向无敌。

然而，他却在年富力强的时候，不得不含泪告别心爱的球场，独自默默地去一个孤岛上生活——像当年拿破仑一样远离人世。

原因何在？就因为他讲话过于刻薄狠毒，话中带刺，充满讥讽与嘲弄，让人无地自容。因此，他走到哪里，都不受欢迎，以至于最后没有一支球队敢接纳他这位大明星。"明星"成了"灾星"。

回忆起来，以往我也有过与利克·巴里同样的过错：对于一些看不惯的人与事常常挖苦讽刺，语言苛刻，使人难堪，而我却觉得非常痛快。当时的我可谓愚蠢极了！

好在我终于走出了这个误区，懂得只有尊重别人才能赢得别人的尊重。

如今我与人交往，尽管不能让语言都含着"蜜"，但也决不再藏着伤人的"刺"。

2

坐在喧闹的宴席上，我常有孤独感。

"我不会喝酒。"宴会开始，我就郑重声明。因此，没有人对我劝酒。我因此也就可以"闹"中取"静"。

然而，我的内心却无法平静：看着一个个已喝得醉眼蒙眬、步履踉跄，却还一个劲地在那里相互扯来扯去地"劝酒"的人，心里顿时生出一种悲哀。不知一个个堂堂正正、像模像样的男子汉怎么一见了酒，就被扭曲得如此丑陋！

我无法与他们"和谐相处"。

更使我感到孤独的还是他们酒后的"真言"。一个个舌头已经僵硬，吐字已经含混不清，却还要相互攀比，各自炫耀自己的富有与能耐。

一个说："我每月随便花花就是四五千元"，另一个马上想压倒对方："那有什么，下次你要三室一厅的房子还得求我，我只要一句话……"。或许他们都是腰缠万贯的富翁，但在我面前展示的却是一片荒芜。

呜呼！我宁愿孤独，也不愿走进他们之中去，让自己也变得"荒芜"起来。

（丁凯隆）

一切都会变

你原来在一家效益较好的单位，收入也颇丰，可是你现在下岗了。你正万念俱灰。

本来你并不比他差，甚至曾是他的上司，可是现在他平步青云，而你却被一次次地冷落。你正在怨天尤人。

在某岗位上，你正干得得心应手，可是领导非把你调下来，安排你到一个最不愿去的地方。你正准备说：诸位仁兄，老子不干了。

你和她已幸福地生活了10年，可是近来却冷战不断，分手的话也不时地提起。你正无所适从。

所有这些都让你雄心泯没、看不到光明，你甚至认为你的经历比谁都坎坷、你的灾难比谁都深重，你认为自己再没有扬眉吐气、出人头地之日，你认为生活将从此永无笑脸、人生将像陨落的星星一样从此暗淡。

假如生活真的是这样，也许你真的没戏了，然而现实却偏偏不是如此。

美国最有成就的总统之一林肯，1838年竞选众议院议长失败，

1846年入选国会成功，1854年竞选参议员失败，1860年竞选总统成功。

世界上没有什么是一成不变的，生活就像自然：有寒冬，也有阳春；有酷夏，也有深秋。走运和倒霉都不会持续太久。

即使是一介草民，我们也有理由坚持这样的观点：一切都会变。无论你现在受多大的创伤，心情多么地沉重；一贫如洗也好，前途渺茫也好，都要坚信一切都会变。每个人都是大自然的孩子，不比一棵树低，不比一颗星暗，都自有天赋之权挺立于斯。

有道是，太阳落了还会升起，不幸的日子总有尽头。在人生的道路上，即使一切都失去了，然而只要一息尚存，就没有丝毫的理由绝望，因为一切都会变。过去是这样，将来也是这样。

（刘燕敏）

今年就做一件事情

　　岁末，像往年一样，踌躇满志的丁又伏在案头开列新的一年的计划。看到他在稿纸上洋洋洒洒地列着一、二、三、四……一大排，他妻子在旁边不屑地说道："少写点儿吧，每年你都列那么多，可最后做成了几件呢？"

　　丁于是扔下了笔，有些泄气，但想想妻子说的也是，宏伟的计划每年都列了一大堆，最终完全实现的却没有一个。比方说考研吧，在计划中躺四年了，仍是个美丽的计划。

　　忽然，丁跳起来，说："有了，今年就做一件事情——考上研究生。"

　　妻子鼓励道："这一件事你做成了，这一年的收获就不小。"

　　难道我连一件事情还做不好吗？丁不服气，于是，扎入书本中，将外语和专业课一顿"恶补"，最终以优异的成绩，考取了那所原来不曾奢望的名牌大学的那位知名教授的研究生。

　　有此经验，此后每年丁都要求自己做一件最重要的事情，结果他干得很愉快，成就也很显著。

其实，我们每个人心中都会有很多憧憬，但如果不能抓住重点、安排好步骤、有条不紊地一件一件地去做，可能最终连一件事也完不成。相反，若能分清主次，各个击破，可能很轻松地完成许多孕育已久的夙愿。

（阿健）

不以小节损大德

　　曾经我自诩为一个坚韧不拔、百折不挠的男子汉大丈夫，历过的所有挫折和不顺，都刺激不了我，但唯独这样一件看似微不足道的事情，对我的刺激之深却几乎是空前绝后的。这是一件令人刻骨铭心的往事，是一件深深地刺痛了我心灵的往事，至今想起来还伤感不已，浑身不舒服不自在。

　　那是我刚参加工作的第四年，还是个二十几岁的小伙子，在单位买饭吃，偶尔忘了带菜票，与师傅说了声先欠一次吧，隔了几天又忘了带菜票，只好又说再欠一次吧。这样欠来欠去，欠成了一笔糊涂账。我的记忆中只欠过两次，而师傅说我至少欠过六次，我愤愤不平，怎么欠过两次饭票，却在师傅的记忆中增加到六次以上？于是，争论起来。我信誓旦旦地说只欠两次，他毫无疑问说欠六次。我说哄你是孙子，他说骗你是"滴滴拉拉孙子"。彼此气不打一处来，于是又大吵起来，脸红脖子粗，火冒三丈，竟至于闹到了领导那里。师傅到处说我吃饭不交饭票、菜票，干吃。别人谁知道是真是假？谁知道是我有理还是师傅有理？于是，闹得沸沸扬扬，满城风雨。为了几张菜票，仅仅是几元钱，竟使人们对我的印象大打折扣。领导当面没有批评我，可是背后有个领导说：流涧吃饭不交菜票，是思想意识不好。这话传到我的耳朵里，简直比猛抽我一个耳刮子还难受。我是一个好面子的人，一个比较注意修养的人，竟为了几张小小的菜票，仅仅几元钱，落得这样一个糟糕透顶、人格受贬的评价，我真是伤心透了。

几张菜票，几元钱，一件小事，竟使我的人格受贬，竟使我的形象受损，竟使我的威信受折，值吗？我是何苦呢？我为什么不按师傅说的次数把欠的菜票补交上呢？即使是自己吃点亏又有什么呢？吃几元钱的亏而使自己的人格、形象、威信不受损害，这是多么值得的举动啊。可是，那时的我毕竟太幼稚了，太冲动了，太小家子气了。

不经一事，不长一智。这件小事深深地教育了我：小处岂可随便！小事上的随心所欲，往往可以酿成意想不到的人格上的大损失，甚至其他更大的灾祸。

于是，痛定思痛，后悔莫及之余，我暗暗立下誓言，并力求做到：借人东西，哪怕是一针一线，也要牢记心头，及时奉还；答应人家的事情，哪怕是捎个口信，也一定要捎到，千方百计地捎到；领导、长者交办的事情，哪怕是跑一趟腿，哪怕是只能提前一分一秒钟，我也要提前跑完；与人相处，哪怕是这个人对我再不好，到处糟蹋我，时时踩我的脚后跟，我也要看到他的长处，在他人面前只字不提他的缺点。

回首往事，无论遇到多么大的困难，多么大的挫折，都未曾使我畏缩、伤感。然而，十年前几张小小的菜票，价值仅仅几元钱的菜票，竟使我"轻弹男儿泪"，这个教训实在太深刻了！

从此，我再也不敢忽视小事了，再也不敢在小事面前马虎了，再也不敢在小处随随便便了。

（流涧）

简单做人

　　一个简单的微笑便可表达难以言说的情怀。假如再简单一点，还可以"沉默如金"。有时候恰恰沉默的分量最重——此时无声胜有声。

　　简单犹如一朵玫瑰足以诉说无限衷情，而九十九朵玫瑰未必就能增添更多美丽。简单犹如水畔佳人只着一囊素裙便有万种风韵，何必要花花绿绿、抹粉涂脂。

　　不事铺张的简单其实最是隽永，生命的价值从来取决于质量而不是数量。

　　做人，处世，或从事任何一种科学或艺术，总是越花哨越容易——因为只需要浅薄；而越简约越艰难——因为需要精深！

　　正因为空虚，才需要多多的物质来填补；正因为填补的物质品种越来越多，数量越来越大，人才更感到空虚。

　　简单做人，即崇尚返璞归真——与其奢望一日三餐钟鸣鼎食，不如一箪食，一瓢饮，身居陋室，乐以忘忧，正如只带简单的行囊方能无牵无挂，一身轻松、云游天涯。

——只因为人生太短，而旅途太长；只因为个体太小，而世界又太大。

简单做人，才能使人如释重负——当你弃绝了一切奢求、食欲和妄想，当你弃绝了一切外衣，面孔和伪装；

简单做人，其实是渴望去掉一切不必要的物质累赘，让思想的翅膀飞得更高，更远，让人类的精神得到最大限度的升华！……

（中跃）

学会平视

　　在一辆由城市开往农村的中巴车上，某政法大学的一个女生突然"请"她邻座的一个男人不要抽烟，且说："难道你不知道，公共场所抽烟是违法的？"语气颇为傲慢。男人虽是农民，但显然属于江南水乡"先富起来"的那种，哪肯买账？怒道："我抽不抽烟，哪要你来管！"于是，二人你来我往、唇枪舌剑吵了起来。女生到底渊博，由主动吸烟和被动吸烟到鲁迅笔下的"愚民"，由世界烟草总趋势到美国人的公德意识，旁征博引，义正词严。农民的语言难免粗俗，但从"国家为啥不取消烟厂"到"你比鲁迅爷爷差得远"；从"难道你不是中国人"到"好好学习天天向上吧"，竟也招招狠辣，针针见血，时时令一车乘客大快朵颐。看得出，大家都站在农民这边。

　　插曲往往不宜大长。但半个小时过去了，辩论（文明化了的吵架方式）因为那女生的"诲人不倦"总也接近不了"尾声"。说老实话，连不是烟民的我，也对那女生的"禁烟运动"不以为然了。我在想：到底是什么东西作祟，使那女生的言行只占道理，却占不到便宜？这时又听那女生在后边嚷着另一个"常识问题"："怪不得此地的发展不及某地，归根结底是此地人的素质太低！"

一车人的表情都冻住了。我虽非"此地人"（那女生却是），竟也感到刺耳，觉得这分明是一种聒噪了。于是我侧转身，向那女生说："小姐，我想请问，既然在公共场合抽烟是'影响大家的健康'（她的原话），那么在公共场所大声喧哗呢？你在保护自己嗅觉的同时，也请顺便照顾一下大家的听觉，好吗？"我还想说："俗话说，不知者不为过，要一个政法大学的大学生停止喧哗，尚且不易，要一个劳累一天的农民在车上不犯烟瘾岂不更成'蜀道之难'了"但我忍住了。我还懂得爱惜雏燕试飞的翅膀，更懂得把握"度"的道理。我重又看着前方的风景时，车厢里恢复了安静。

女生在前方停靠站下了车。我目送着她瘦削的背影，觉出了某种孤单和思索。这一定是她为数不多的一次碰壁吧。我突然在她失落的背影中窥见了往昔的自己。我想对她说："你犯了年轻人常犯的一个错误：俯视他人，仰视自己。从自搭的梯子上下来吧，'高处不胜寒'不说，免得爬得越高，摔得越狠。"

这件事使我想到了"视角"这个问题。从生理上讲，近视、远视皆属常见病；而从心理学社会学角度讲，俯视、斜视甚至傲视、藐视他人，恐怕亦是一种要不得的暗疾。其实，诸如财富、权力、名气、学位之类的身外之物，拥有者固然可以"自傲"，但切莫愚蠢地借以"骄人"。否则，即使你是掌握了真理的"少数人"，也只能使"传播真理"的高尚行为停留在"兜售真理"甚至"贱卖真理"的低级水准上。上文所述的女生即是这一例。

享誉世界的名著《简·爱》里，平民女子简·爱就曾对惯于俯视他人的庄园主罗切斯特说过这样一段脍炙人口的话："上帝没有这样（赋予我财富和美貌）。但我们的精神是同等的，就如同你跟我经过坟墓，将同样地站在上帝面前！"这话恐怕不仅是爱情的表白，更是人格上要求平视的宣言。

（刘强）

不妨活得简单些

人活着遭遇到困难并不可怕，怕的是被人中伤、陷害，不得不处于一种防范状态。有不少人发出这样的感叹："工作再复杂，都不可怕；人际关系复杂，那才可怕呀！"这是痛心的话，令人深思的话。

复杂的人际关系，会使空气"缺氧"，人人感到呼吸困难，感到沉闷压抑，使人和人之间出现了无形的"隔墙"；它使许多人不敢放开手脚干工作，怕这怕那；它为个别心术不正的人提供了投机钻营、拨弄是非、制造"内耗"、谋取私利的"空子"。

在实际生活中，我们不难发现，凡是人际关系比较"简单"的地方，"透明度"比较高的地方，这里工作人员的心境往往比较好，工作成绩也比较突出。相反，凡是人际关系比较复杂的地方，人就感到压抑。工作成绩也不一定卓越。

人们在这复杂的烦扰中忽略了生命的自身。心灵的光泽渐渐退去，人类那正直、善良、宽容和豁达的品质，已在毫无知觉的麻木中，悄无声息地隐去。

人生之途，难于蜀道。猛虎长蛇尚可避，暗箭冷枪却难防。于是有人疾呼，人活得能否简单些。其实当人被环境所压迫，被厄运击中时，实实在在地也应该这样想想，世界不为哪一个人而存在，太阳也不为哪一个人灿烂辉煌，人为什么不能少一些算计，自得其乐，快快活活地活下去？

　　当你从烦忧中解脱出来时，当你将人事纷争、飞短流长、功名利禄全然抛弃一身轻松两目怡然时，你便戴上了无花的花环，你便听到了无声的掌声。

　　世界没有改变，你的世界大了；生命没有改变，你觉得新生了。

　　生命越简化就越真实。有时你回首自己所过的一份简单平实的生活便能感到很多安慰。虽然固有的一些琐碎常使生命在某一时刻淡化为无声无形，而更多的时候，内心深处的悸动却来自那份忽浓忽淡的牵挂，若隐若现的愁思，它使我们感到生命的每一个细节都变得明媚起来。

　　自古以来，一切贤哲都主张过一种简朴的生活，以便不被物役，保持精神的自由。

　　在人生的过程中，应该多一点信赖，少用一点谋略，多一点豁达，少一点算计，活得简单一点才是真。简单平实的日子如淡淡云絮，如静静的池塘，虽然没有洪水暴涨，大雨滂沱，但正是深思、静思，调整自己的时候，此时的你保持心态的稳定，便会发现许多生命的真谛。活得虽然简单些，但你能从中体味出很多深刻的生命内涵，享受到平淡的真趣。

活得愈是简单，愈是自由，你的心灵也会随之变得更加充实而完美起来。

（邹德言）

流光轻殷，红了樱桃绿了芭蕉

最近这段时间，不知原因地懈怠，整个人就像一块从繁华尘世滚落到山脚的石头，密密麻麻的青苔和绿草，葳蕤茂盛地覆盖了灵魂。

一度坚持了很久的工作，只能搁浅在那里，什么都不能做，就像一个病入膏肓的人，眼睁睁地看着时光从身边箭一样地飞掉，百爪挠心，百计莫出。

更让人绝望的是，身边的人都在挤着赶着晒成绩。看到别人的优异成绩，愈发急、恼且忧伤。可是，灵魂好像一只被谁抓住的手，捆绑在那里，一动也不能动。

就这样煎熬着，夜夜都要在噩梦里醒来。已经打下的江山，就这样毫无预兆地败给了颓废。不甘，却又毫无余力。

这样的恶性循环，日复一日，到最后，甚至吃饭都成了问题。就像李白的诗——停杯投箸不能食，拔剑四顾心茫然。总觉得自己一事无成、辜负生命，不配享受那些粮食的滋养。

整个人愈发没有力气，只好去看医生。仙风道骨的老中医看看舌苔，缓缓道：心火旺盛，肝脾淤积。年轻人，来日方长，有什么着急的。

拿了单子去抓药，红木小柜子上，满是写在黄色草纸上的名字——当归、黄芪、白术……忽有淡淡清香弥漫而来，读着这些散发着药香的名字，门外的日头突然就变得虚幻了。好像，我一下子成了久病之人，离这个世界万分遥远了。

家人都劝：何苦那么执着，当初什么都不做，不也好好的嘛。

我不语，苦笑，仔细想想也是。其实曾经的曾经，身无长物时，何曾有过这样的焦灼。

但是，依然放不下。

老公载了我去一方湖边休闲，他钓鱼，我就静静坐在一池荷花旁，在清风中发呆。

日头大起来的时候，阴凉不多了，老公换了地方。安静的长堤上，只留下一位老者。他钓了整整一上午，一无所获，我看得惋惜：多好的光阴，可惜就这样虚掷了。

孰料，老者却不以为然。他笑着晃晃自己的小水桶：今天什么都没钓到，倒省去了四处送鱼的苦恼。

我讶然，钓鱼之后，怎么会倒有送鱼的苦恼？

老者继续笑："一看你就不是经常钓鱼的人，熟悉钓鱼的人都知道，天天钓鱼，其实早就吃够了鱼。所以，很多时候，需要将钓到的鱼送给邻里朋友。你知道，那么小的鱼崽，没有几个人喜欢吃的。"

"可是，一上午一无所获，不会有失败感吗?"

老人拍拍水桶站起来："呵呵，哪里时时刻刻都会有收获呢。年轻人，等你到了我这个岁数就会明白，人这一辈子，有时候，流光轻抛，也是一种幸福哇。"

闲散地说笑过，轻轻道了声再见。回看老人的背影，那一刻，斜阳如巨大的火球，肃穆地浮在一池碧荷之上。我的心底，忽然有什么微微动了一下。

这时，老公笑嘻嘻地从湖的另一端跑过来，他的桶中，亦空空如也。但是，他的眉宇间，却满是欣悦："这一天，真过瘾，享受清水静风，简直像神仙一般。"

回家的时候，星光已经洒满了整片狂野，漫天星辉之下，我忽然觉得自己成了一只不断被剥离的卷心菜。一片又一片，一层又一层，到最后，所有的繁杂都去掉了，整个人也就消隐在了苍茫的时空中。

也就在那个瞬间，我顿悟，原来，一直以来的不开心，其实只是功利在作怪。好了想更好，拼了要再拼，夜以继日地将澄澈的灵魂驱赶成一匹奔马。农人耕作，一年尚分春秋，而我，却刻意要求自己时刻处于一种亢奋的状态。

当功利的尘埃遮蔽了生的本质，灵魂不敌，于是身体产生抗力。这其实不是病，而是自我与灵魂的一场暗斗与纠结。

而这样的纠结与暗斗，在现代人的生活中，大过平常。

所幸的是，我尚有逃的机会。

是晚，老公依然煎了中药，可是，我没有喝，而是将中药慢慢倾覆在下水道的入口处，眼见棕色液体缓缓而去，一股淡淡的芬芳渐渐散发开来。

对于心病来说，好药从来无形。

第一次那么轻松地放任自己卧进摇椅中，仰望无穷星空。某个瞬间，脑海里闪过那个句子：流光容易把人抛，红了樱桃，绿了芭蕉。品读古人的忧伤，忽然悟到，关于流光轻抛的伤感，其实不过是人类自寻烦恼。因为，无论被抛还是留驻，那山野之上的樱桃，那碧水河边的芭蕉，依然年复一年地红了又绿，绿了又红。

而人生真的就是一段漫长的驿站，从此处到彼处，宜动亦宜静。世间有大多励志书籍让我们懂得动的妙处，可是，那静的智慧，却需要我们上溯到流光的河里，自己开悟与寻找。

（琴台）

充满诗意地生活

　　生活宛若文集，镌刻着平铺直叙的冰冷直白、一波三折的跌宕起伏以及高山流水的诗情画意。然而不知从何时起，我们心中的那份诗意被琐碎的生活用厚厚的尘埃掩盖、封闭，与其让纷繁的市井喧嚣占据我们生活的全部，何不为生活留几许诗意？

　　俞敏洪说："诗几乎可以表达人类生活的所有情感。人类离不开诗，也从来没有离开过诗。汶川地震时，人们最深刻的情感是用诗歌表达出来的；日常生活中，我们每天哼唱的流行歌曲也都是诗。诗歌让我们感动，让我们流泪，让我们升华。"的确，我们不一定都会写诗，也不一定要多愁善感，但我们一定要心中怀有诗意。

　　诗意是一种感觉，只有心存诗意的人才能从琐碎的生活中找到真实的美好。早晨，听鸟儿在林间吟唱是一种诗意；课余，对着窗外看一米阳光越过屋檐是一种诗意；饭后，踏着夕阳的碎片，吹着带着黄昏味道的凉风是一种诗意；晚间，坐在灯下静静看一本书也是一种诗意……我们每个人，心中都有这样一个诗意的圣地，它就像冬日里的枯草，只要春风拂过，就会充满绿意。

诗意的生活不是刻意去寻找的，而是身处琐碎的日常事务，却不被日常事务所淹没的一种能力。懂得诗意的人总能驻足欣赏路边一朵初绽的小花，即使在不经意间抬头看一看天空，心中也会满是云淡风轻。相反，一个被浮华围绕的人就算置身于人间仙境也难以感知美好胜景。不懂诗意的人，在纷繁的生活里就像一个不会游泳的人落入水中，只有绝望与痛苦；而懂得诗意的人，就像一个会游泳的人徜徉水中，感受到劈波斩浪的快乐。

在这个炎热的夏天里，我们不妨为诗意留点空间。脱去遨游尘世的浮华，品下一杯清茶，看着窗外的天空，想象一下远方的大地：那里大河奔流，蜜蜂飞舞于花间，稻苗正绿油油地汲取阳光……每一棵树、每一朵花都安详伫立，洋溢着美好，期待我们用心为它们涂上诗意的重彩。懂得诗意的人，总能学会在聒噪的夏日里，找到最真最美好的心灵归宿。

（钟华波）

简单的人更快乐

奥地利的泰尔夫斯城上空，鸟鸣入耳，阳光明媚，一个中年男子心情特别愉快，"这是无以言表的，"他说，"我感到了自由和轻松！"

卡尔·拉贝德，这个靠家庭装饰品发家的富翁，在泰尔夫斯小城生活了13年，最近成了世界新闻焦点，他宣布将把自己的所有财产，捐给中美与拉丁美洲的贫民，他在法国南部的农庄已拍卖完毕，还有他的汽车以及小型的滑翔机等。他准备把自己的五百万资产，全部捐献给贫民，而选择过一文不名的平民生活。

身着格子呢衬衫、架着金丝框眼镜的拉贝德温文尔雅地说："财富并不能创造快乐！在过去的25年中，我像奴隶一样工作，得到的却毫无价值，现在我的梦想就是一无所有。"

为适应山间的生活，他已准备好了换洗衣服、两箱书和笔记本电脑，他将以1290美元的补助金生活，但他坚信这已绰绰有余。

在林茨市工业区长大，年轻的拉贝德曾认为金钱万能，"我和母亲、祖父母一块生活，奶奶擅长理财，她认为人的价值与他的存款密切相关。我幼小时就在家庭的菜园中劳作，通过卖菜我发现自己善于经营。少年时，除学好各门功课外，我开始发展业余爱好，先卖鲜花，后来经营塑料花、花瓶、蜡烛等。在大学攻读第二学位时，我的家庭装饰业务也发展良好。在开始体会到钱的重要时，我也不断深思：我经营的这些，是人们最需要的吗？金钱越来越多，但并非快乐！"

作为奥地利青年滑翔机教练，他经常去南美洲旅行，发现这些欠发达国家的许多人，似乎生活得更加充实而有意义，"每当从萨尔瓦多飞回法兰克福时，我就为身边富人们的脸色感到惊异，难道刚发生了恐怖事件？逐渐我理解到，焦躁不安，这是发达国家人们表现出的通病，对于快乐，欧洲、日本和美国都远远落后于其他国家。"

在一次旅途中，拉贝德结识了一个有才华的木匠，"他制作的家具有独特艺术魅力，当时亟须一种特别木锯，由于无抵押品，银行拒给贷款，我给他300美元资助，但次年再见到他时，除了归还借款外，他还让家庭富足，同时满足了艺术需求，这竟如此容易！"

这次经历让拉贝德深受启发，很快发起了小额贷款业务，从1994年以来，他开始资助几个慈善项目，其中一项是秘鲁利马郊外的面包烹饪学校，"它不仅能为贫民孩子提供面包，还为他们提供了生存技能，可谓一举两得！"拉贝德解释说。

2008年，拉贝德和经济学家沃夫冈·莫尔创立了mvmicrocredjt.

org网站，希望通过小额贷款帮助贫民创业。

很难想象这位家庭装饰富翁此刻的欢乐心情，拉贝德的"失去财富，获得生命"的哲学理念，已赢得德国出版商的青睐，并签订了出书合同。

德国有句谚语："简单的人更快乐！"拉贝德说，"虽然未必正确，但却说明：选择越多，你作出何者重要的决定就越多！从年轻时代，我并没有问何者重要，而仅问何者可能。"当生命最终属于自己时，才认识到个人的信仰就能改变世界。

（简·迪克森）

友情需要倾情浇灌

　　一个男孩和一个女孩在一起玩耍，男孩有很多玻璃球，女孩有很多糖果。

　　男孩对女孩说，他愿意用所有的玻璃球换她所有的糖果，女孩同意了。男孩把最大最漂亮的玻璃球暗自留下，把其他的送给了女孩。女孩则按照承诺把所有的糖果都给了他。

　　那一晚，女孩睡得很香。

　　而男孩却翻来覆去睡不着，满脑子都在想女孩是否也像他一样，把最好的糖果藏了起来，只给了他一般的。

　　如果你不能倾情对待友情，你就会老是怀疑他人是否真心对待你。这也同样适用于爱情、雇佣关系等，真心做人处事，你才能安然入睡。

（佚名）

给未来留一把钥匙

在首都博物馆精品云集的瓷器展厅中，最显著的位置，摆放着镇馆之宝——青花凤首扁壶。这是一件元代大青花瓷作品，壶身为扁圆形，小口，以凤首作流，凤尾卷起作柄，借壶身为凤身，绘凤穿番莲纹饰，乍看就像一只展翅飞翔的凤凰穿行于莲花之中。整件作品，装饰和造型融为一体，别致新颖，胎体洁白，釉色纯净青翠，堪称完美。

如果告诉你，这是一件完全由碎片修复而成的陶瓷，你相信吗？

20世纪70年代初，北京元大都遗址被发现。在六铺炕地区元代居民遗址的神秘地窖中，一次就出土了10余件元代青花瓷器。其中最为引人注目的，是一件造型奇特的青花扁壶，它是元代大青花瓷的代表作品。然而，出土的"青花凤首扁壶"却已经不是一件完整的陶瓷作品了，它碎成了48块，大的如巴掌，小的就像蚕豆。考古人员用石膏匆匆将其简单地固定还原，显露出它的雏形后，就一直存放在首都博物馆的仓库内。几十年后，首都博物馆找到了蒋道银，请他将这件国宝修复。

蒋道银被公认为中国最权威的陶瓷修复专家之一，从事古陶瓷修复工作以来，他已经成功修复了600多件残破却价值连城的古代陶瓷，这些曾经残缺、破损的艺术珍品，都在他的手下重新焕发出熠熠光辉。有人说，他修复了古代窑工们的心血和智慧。分解、清洗、黏接、补配、修形、作色仿釉、做旧，一道道工序，缜密，细致，经过一年多的紧张修复，"青花凤首扁壶"终于再次面世。蒋道银成功地将一堆历史的碎片，还原成一件珍贵的艺术品。

这是一次让陶瓷界惊叹不已的修复行动，修复后的"青花凤首扁壶"，看起来天衣无缝，完好无缺。然而，蒋道银最为得意的，并不是将48块碎片成功黏接、补配、复原，而是他修复过的"青花凤首扁壶"，一旦需要的话，还可以随时被再次分解，重新修复。

在蒋道银看来，陶瓷修复有三个原则，一是最少限度干预，修补的部分不能超越原作缺损的部位，以免破坏其历史价值；二是可识别性，修复过的地方要留下记录，便于后人识别；三是可逆性，所有增补、修补上去的东西，如果后人需要的话，都可以清除掉。蒋道银认为，最难，也是最为重要的一点，就是修复工作的可逆性。也就是说，如果后人的修复技术和水平达到更高境界的话，可以对你修复过的作品重新修复。他形象地将之比喻为，给未来留一把钥匙，可以随时打开历史的大门。所以，他绝不使用现在很流行的一种"热修复"，就是将修复过的陶瓷重新回炉重烧，以达到稳固、出新的目的。如此修复之后的古陶瓷，会焕然一新，光彩夺目，却再也不能补救了。

达·芬奇的代表作《最后的晚餐》，经过几个世纪不同时代的修复，慢慢地与达·芬奇成画时的效果有了很大距离。历代的修复，都给后人预留了操作的空间，每一次修复都是可逆的，所以，从20世纪70年代开始，人们又成功地运用现代科技，对此画进行了近20年的修复，将被添加的"不纯物"都予以清除，使达·芬奇成画时的初始面貌得以重现。

可逆，意味着可以否定，可以推倒，可以重新来过。从某种意义上说，给后人留一把钥匙，就是期待着后人对自己的否定，对自己的超越。这不是缺乏自信，而恰恰是一种远见，更是一种博大的情怀。

（孙道荣）

火柴的胸襟

　　2011年7月21日，两弹一星元勋、世界著名的光学家王大珩先生与世长辞。在离开人世的刹那，王老最放心不下的就是他所热爱的光学事业和人们对他关于"中国光学之父"的称谓。对于这一称谓，王老是始终不肯接受的。

　　新中国成立后，百废待兴，急需大量的科研仪器，而美英等国却限制先进的科研仪器出口中国。这时，刚从英国回来不久的王大珩临危受命，担任了中国科学院仪器馆馆长，负责研究制造科研仪器需要的光学玻璃。

　　光学玻璃的制造工艺相当复杂，王大珩只能一切从零开始。他带领科研人员，研究数据、选取材料、建造工厂。经过三年的努力，中国第一个光学玻璃熔炉建成出炉。有了光学玻璃，王大珩一鼓作气，研制出了天文望远镜、电子显微镜、激光器等八种光学仪器，加之光学玻璃，它们被科学界称之为"八大件一个汤"。这"八大件一个汤"打破了帝国主义的封锁，为中国的生物、航天、海洋、军事等科学研究安上了探索的"眼睛"。

20世纪六七十年代，中国决定自己研制原子弹、氢弹和人造卫星。而原子弹、氢弹如何能够准确命中目标？卫星如何能拍摄地球图片资料？又如何能完成其他飞行器的监测跟踪？这些问题都需要光学仪器来完成。王大珩以百倍的勇气接受了这些任务，圆满地完成了任务，保障了"两弹一星"的成功发射。王大珩也因此被授予"两弹一星"奖章，被科学界称之为"中国光学之父"。

王大珩的这些成绩是有目共睹的，可是，他却把自己的名利看得很淡。一次，一所高校请他去作报告。在报告会上，他给学生们讲中国光学发展的艰难历程、讲创业的艰苦条件、讲同志们的奉献、讲团队的精神……对于自己的成绩，他却闭口不谈，这让同学们感到奇怪。报告会即将结束的时候，有同学给他递了一个纸条，上面写道：作为"中国光学之父""两弹一星"奖章获得者，请您谈谈对中国光学事业的贡献。王大珩看了看纸条，激动地站了起来。他手持话筒，大声道："首先，我纠正一下这位同学对我的称谓。他把我称为'中国光学之父'，这种称谓是光学界的部分同事私下认为的。这是不准确的、不负责的，我个人也是不接受的。成绩是大家的，不是哪一个人能够单独完成的。我只是一根火柴，点亮了中国光学前进的火炬，根本称不上什么'中国光学之父'"。同学们深深地被王大珩的博大胸襟所感动，台下响起了雷鸣般的掌声。

2009年12月，中国光学科技馆召开科学领域论证会，王大珩因为身体的原因不能参加这个会议。他亲自写了一封信，让秘书蔡恒元递交给大会主席，王大珩在信中说，有一件事，我一直放心不下。现在，许多人称我为"中国光学之父"，我认为这是很不妥当的。我的成绩是在当时国际国内形势的推动下形成的，这是大家的成绩，不是我个人的功劳。再说，如果称我为"中国光学之父"，那么，我的老师严济慈、叶企荪该如何称呼？所以，请不要再叫我"中国光学之父"了。

这就是王大珩。他用"光"改变了中国，可是，他却坚决不接受"中国光学之父"的称谓。他就像一根火柴，擦出了火花，点亮了别人，而心中却唯独没有自己。

（田田）

理想的种子一则

　　故事说：多年前的一个晚上，有位年轻的母亲正在厨房洗碗，她才几岁的儿子独自在洒满月光的后院玩耍。年轻的母亲不断地听到儿子蹦蹦跳跳的声音，她感到很奇怪，便大声地问儿子在干什么，儿子说："妈妈，我想蹦到月球上去！"妈妈听了，不仅没有责备孩子，反而鼓励道："好啊，孩子！不过你一定要记得回来！"

　　后来，这个孩子真的"蹦"到月球上去了，他就是人类历史上第一个登上月球上的人——美国宇航员尼尔·阿姆斯特朗，他登上月球的时间是1969年7月16日。在月球上，虽然他只前进了一小步，但人类却前进了一大步。

　　这个故事告诉我们，理想就如一粒种子，把它种进一个人的心田里，日后经过努力就能开花结果。

（刘庆瑞）

花未全开月未圆

花未全开月未圆是一种过程之美。

闲时，陪女儿散步或慢跑，沿着湖边大约10公里的路程，将近两个小时，一开始怕女儿坚持不下来，于是鼓励她：锻炼使人健康，锻炼使人坚强，锻炼使小女孩漂亮。不管怎么说，女儿都不太感兴趣，她心里想着灰太狼和喜羊羊，想着她的芭比娃娃，想着渴了喝、饿了吃的客厅生活，一说散步，她的眉头就会快速皱成一个结。

于是我决定把对结果的憧憬变为过程中的趣味带动；我们自己设计竞走口号："加油！""胜利！""不怕冷！""不感冒！"边走边学说绕口令、唱儿歌、脑筋急转弯、猜谜语、学两句英语，故意藏在前面的大树下轻轻吓唬她……湖边小径洒满了她稚嫩的童音，柳树姑娘的长发和着我们的欢笑飞舞：

此后，每逢散步，她都会打出夸张的手势宣布："母女演员，华丽登场！"然后做一个像模像样的华丽转身，让满心的欢喜从她缺牙的小嘴中飞泻。

享受过程，如观赏含苞的花，体会一点点绽放的惊喜；享受过程，如欣赏未圆的月，追逐一天天圆满的快乐。

花未全开月未圆是一种缺憾之美。

妈妈身体不好，且年事已高，每当天气有变化，我的心就揪起来，观察她的脸色，计量她的脉搏，给她做好吃的，以至妈妈身体好些的时候，我也心神不定，半夜睡觉侧耳倾听妈妈的喘息声，有时出现幻觉，慌里慌张地跑到她的屋子看她是否出现异常。

其实总有一些伤痛，是无法避免的；总有一些失望，是无法抑制的；总有一些难过，是无法言说的。总是放不下，总是想尽一切努力耗尽所有的精力，把事情做到极致。想法太多，包袱就重；需求太多，压力就大；渴望完美，紧张就多，总有一些事情，不是一己之力所能达到的；总有一些事情，不会像自己期待的那样完满。接受不全，花未全开，不是谁的错；承认不满，月儿未圆，不是谁的过，放松心情，好好珍惜现在的拥有；尽己所能，好好体会当下的幸福。

花未全开月未圆是一种朦胧之美。

有一位好友，虽然不是亭亭玉立，但是精神饱满；虽然不是出口成章，但也可称才华满腹。我有忧伤的时候向她倾诉，我有急难的时候向她求助，我和她越走越近，越走越亲，近在咫尺之时忽然发现她很吝啬，即使对自己的亲人；她很狭隘，即使对自己的丈夫；她很厉害，涉及自身利益时语言粗鄙……

于是后退一步，站得远些，保持一定距离，无事不闲谈，减少利益往来。她又变成了以前的她，身上的缺点渐渐隐退，聪明灵秀的优势渐渐复原。

"水至清则无鱼，人至察则无徒。""事君数，斯辱矣；朋友数，斯疏矣"。远观适度，如云拂皓月，如烟笼远山，如柳遮斜阳；含蓄婉约，如观水中霓虹，如看镜中笑靥，如赏雾中朝阳，蒸腾着氤氲之关，蕴含着梦幻之约，如含苞的花与怒放预约，如未圆的月与圆满遥视。

花儿未开，月儿未圆，蕴含着一种对美好结局的期待，经过漫漫长夜定会迎来黎明的曙光，绕过无底深渊必然柳暗花明。于是有人因不停往上推进的奋斗过程而庆幸，用不倦的热情去守望，用坚实的脚步去追寻，最终举杯邀圆月，喜闻百花香。

美哉，花未全开月未圆！

（邢淑兰）

花离枝头能有几时鲜

朋友给我讲过一个故事。一个年轻人，有一段时间疯狂地迷上了探险旅行。他跟一帮旅行爱好者一起，徒步穿越草原、原始丛林、沙漠。他的装备很整齐；帐篷、睡袋、野外炊具、多功能刀具、望远镜、压缩饼干等等。他自认为，有了这些齐全的装备，即使再危险的地方，他也能安然度过。

第一次，他便犯了一个致命的错误，在穿越峡谷的时候，因为贪恋谷底美丽的风景，结果他掉队了。

刚开始，他并没有在意，谷底跳跃的小溪，溪旁美丽的兰花，花旁扑扇着美丽羽翼的蝴蝶……有太多太多美不胜收的景色在吸引着他。他看花、捉蝴蝶，甚至跟着一只灵动的小兔子进入了一个山洞。他越追越远，等他猛然发现身边的探险队员都没有了踪影的时候，害怕便像潮水一样向他袭来。

他的掌心开始出汗，心脏开始发紧。如果天黑了，队友们都走远了，而自己仍然留在这个峡谷里，那等待他的将是什么？他不敢再想下去，赶紧拿出地图，努力地辨明方向，然后一路追赶上去，不敢有片刻的耽搁。原来，一个人离开了平常所处的环境，才发现原先的想象完全不是那么回事。那些整齐的装备都在，可是这些于他的恐惧和孤独而言并无太大的帮助。

幸好队友们也发现他不见了，便也回头寻找。终于在天黑之际，找到了被荆棘划伤多处的他。看到队友的一刹那，他的心头一暖，眼中有了湿湿的温热。

还有一个少年，因为考试没有考好，和父母争吵了几句，一怒之下离家出走。走的时候，他从父母的抽屉里拿了几千块钱，一个人坐火车南下。此时正们阳春，田野里开满了油菜花儿。他坐在火车里，看着明媚的春光、陌生的面孔，想到不用再对着父母苦巴巴的脸，不用再对着皱巴巴的成绩单，只觉得一颗心轻松无比，像一只离了线的风筝，面前有高远的天空，他可以飞得又高又远。

他计划着，先找份工作挣点钱，等干出一番成绩后，再风风光光地回家见父母。可是，事情却并不像想象的那么如意，高中只念了一年的他，四处碰壁，根本找不到合适工作。眼看着那几千块钱越花越少，他急得像一只热锅上的蚂蚁。结果病急乱投医，他误信了他人的谎言，被人骗进了一个传销团伙。几次逃跑，却都被人抓了回去。

当他被警察解救回家的时候，他哇的一声哭了。他看到母亲，一个优雅美丽的女人，如今却变成了一个蓬头垢面的老太太；他看到了父亲，一个宽容高大的男人，却仿佛一夜之间变得矮小佝偻了；

他看到了自己，一个青葱少年，水样年华，却也忽然间就变成了一个沉默寡言的大叔。

这让我想起了家里院子里的那棵梨树。春天来的时候，满树开满梨花，远远地望去，一树梨花胜似雪。喜欢至极，每天早晚去看两遍。去的路上，心中满满的都是喜欢。在树下站一会儿，凝视几分钟，如果树记得它的年龄，它一定是芳华绝代吧，不然花期怎么会那么长？花朵怎么会开得那么艳丽？回来的路上，往往是一遍一遍地回头，心中满满的都是不舍和依恋。

爱人见我如此喜欢，便偷偷地折了一枝，放在我写字台的花瓶里。乍见，先是惊喜，后是绝望，埋怨他，不该折了那花儿。花离枝头，能有几时鲜？果然，没几天，花瓶里那些曾经艳丽一时、明媚的花儿便纷纷坠落，那些花瓣儿渐渐干枯、失水，没有了往日的颜色。光秃秃的树枝上，连一片芽叶都没有留下，似乎它曾经都没有风光地绽放过。

花枝的残骸被我扔掉的时候，院子里的那棵梨树已是花落子实，满树都是米粒大小的果实。风一吹，那些叶子便在风中哗啦啦地响起来，轻轻摇曳。

我抱着手臂站在窗前，痴痴地看着那棵大梨树。等到秋天，树上的果实就会变得又大又绿。咬一口，满嘴都是汁液，酸中带甜，酸甜可口。而那被折下的花枝，却是什么也没有留下，悄无声息的，仿佛从来没有来过这个世界。

一朵花，离开了枝头，它的命运注定飘零时短；一个孩子离开了妈妈，他的命运注定荆棘多舛；一个人离开了团队，他的命运注定坎坷多磨难。花离枝头，明媚鲜艳能几时？于花而言是这样，于人而言，其实更是如此。

（王晓宇）

致命的垃圾

2011年8月3日的早餐，见到看守所的工作人员送上一顿别样的饭菜时，方一知道自己的末日终于到了。上午，法官向方一宣读了安徽省最高人民法院刑事裁定书，核准对他执行死刑的判决，并告诉他可以准备遗言遗物。此时，尚未走完人生39个春秋的方一，号啕大哭，颤抖着写下"我不愿意会见亲友"八个字，便什么也没有留下，并表示不愿接受任何人的采访。下午，方一被执行注射死刑。

日历翻回2010年的3月28日，那天上午9时许，方一下楼外出。经过楼下的楼道口时，发现两只装着垃圾的纸箱挡在台阶上，他抬脚踢了一下纸箱，随口骂道："妈的，谁家把垃圾放在这儿，让不让人走路，素质比我还低。"这时，碰巧楼下的邻居——某房地产公司副总经理李某肩背挎包正好出门，一听方一骂人，就质问："你在骂谁？踢谁家的垃圾？"方一听了有些窝火，挑衅似的又踢了一脚。李某见状接着指责："你家素质高，天天晚上搞得隆隆响，不让人睡觉。"接着二人互相推搡起来。

李某是个大块头，而方一瘦小得多。在推搡过程中，李某一只手抓住方一的头发一按，方一就动不了。方一只好用两只手划水似的乱打李某的身上和脸，结果右手的两个手指头被李某紧紧咬住。方一在挣脱中得到了一个机会，用左手死死掐住李某的脖子不放。大约过了四分钟左右，李某突然倒地，但方一并没有松手，仍狠狠地掐着他的脖子，直至其不再动弹。随后，方一见李某家的大门没关，就进去在卫生间找了一条白毛巾把流血的右手包了起来。接着，他拿走李某装有手机、身份证、现金、银行卡等物品的挎包，离开了李某住处，外出化名治疗手伤，当日下午，方一盘算着李某的妻子张老师这两天在监考，白天都不在家，他就购买了5条编织袋等物后返回李家，将李某尸体肢解后装入袋内，并清理现场。他想如此抛尸后不留痕迹，李某不就人间蒸发了吗？后因李某的妻子等人返回家中，方一抛尸未成，待李妻出门后逃离现场。

2010年6月11日，逃亡后的第75天，被告人方一在东莞被抓获归案。被抓时，方一全身瘫软，是被警察架到警车上的。押回合肥后，方一一声长叹："我已经无数次想到过今天的这一幕，再也不用做噩梦了。"

其实，在这起命案发生的前两天，就是因为垃圾问题，方一就对李某一家充满了责怪。案发前两天，方一在小区遇到一名物业公司员工，指责他家的素质低，往楼下扔垃圾。方一自称绝对没有做这样的事情，于是就否认了该物业人员的说法，但是本就沉默寡言的他还是觉得憋屈。案发当日，方一看见楼道口被两只装着垃圾的纸箱挡住时，就想起被物业错怪的憋屈，就又踢又骂。没想到这竟是两箱致命的垃圾，导致了如此惊天大案，毁了两个原本完整的家庭。

本是两个有着幸福远景的家庭，本是亲密的楼上楼下，只因垃圾堵了楼道——不，是堵了心，是心中有了垃圾，让两个家庭在瞬间分崩离析。两袋垃圾事情虽小，但是因心胸狭窄，所以小事演变成了大祸。这在令人感叹的同时，我们也不得不承认，大度之人，方可容琐碎、郁闷之事，也才能盛一世的清平与欢乐啊。

(胡征和)

掌声芬芳

　　美国励志影片《叫我第一名》，讲的是一个患有妥瑞氏症的美国男孩科恩的奋斗故事。他的成功，离不开母亲始终如一的爱和鼓励，离不开朋友的呵护和支持。当然了，他上中学时，遇到的那位校长，用特别的方式给予他的爱，更是非同寻常。

　　妥瑞氏症，是一种难以治愈的病症，具体症状是多动，且嘴里总要发出像犬吠一样的怪声。就因为这样，科恩上小学的时候，常被学生耻笑甚至是欺负，老师不理解他，就连他的父亲，也不愿和他待在一起。

　　升入中学之后，情况没有多大的改变。一天，因为在课上发出怪声，他被愤怒的老师交给了校长。校长明白原委后，对科恩说，学校礼堂下午有场音乐会，你去参加吧。科恩当时就拒绝了。因为，他知道，他发出的怪声，会给音乐会带来灭顶之灾。

　　但，校长微笑着，坚持希望科恩能去。

　　果然不出所料，悠扬的音乐会，因为科恩的到场，变得非常糟糕。他的怪叫声，不仅搅扰了音乐会，还引得学生们不时发出哄笑。

校长就坐在台上，一向严厉的他，看到发生的这一切后，居然并不去制止，仿佛没有发生一样。

音乐会结束了，就在大家都要走的时候，校长开口了。校长说，谢谢大家喜欢音乐会，但是，在这个过程中，始终充斥着一种让人生厌的噪声，而这种噪音，就是一个叫科恩的同学发出的。说完，校长一指科恩，把他叫上了台。

大家都以为校长会当着所有人的面，趁机责备科恩一番，或者让科恩当场道歉。然而，接下来发生的一切，出乎了所有人的预料。

"科恩，你喜欢发出噪声惹人烦吗？"

"不，校长先生。"

"那你干吗还要这样做呢？"

"因为我患有妥瑞氏症。"

"妥瑞氏症？这是一种什么病？"

"哦，是，是大脑里的一种东西，让我发出了怪声。"

"如果，你用意志，可以控制住它吗？"

"不能，校长先生，这是一种病，不能自我控制。"

"好吧，那你为什么不去治好它？"

"现在还无药可治，校长先生。当然了，包括我，也很讨厌这种怪声。大家越是笑话我，我就越紧张，而越紧张，这种病，就会更加厉害。如果同学们都接受了，我放松下来，就不会这么糟糕了。"

　　"那，我们能为你做些什么呢？当然了，我是说学校的每一个人，能帮你做些什么呢，科恩？"

　　"我，我只希望能像其他人一样，得到平等的对待……"

　　整个音乐会的现场，由于校长与科恩的一问一答，而变得鸦雀无声。随后，所有的老师和同学都站了起来，长时间为科恩鼓掌。那掌声，既是对校长爱的智慧的肯定，更是对科恩的同情、理解和尊重。雷动的掌声弥漫着人性的芬芳，响彻整个礼堂，仿佛是刚才那场音乐会的高潮，温暖、持久，充满着激荡人心的力量。

　　科恩站在那里，眼里蓄满泪光。他知道，这掌声，会在以后的日子里，汇集成一座爱的桥梁，引领他走向人生明媚的前方。

（马德）

播下希望的种子

你是否曾想过提供我们食物的农民是怎么做到毫无疑惑地工作？

农民在土地上耕作，播下种子，耐心地施肥、浇水。然后他们寄希望于已经播下的种子，并满怀着信心，倾心于他们的期待。

今年，我们在后院建了一个大菜园，种下了最喜爱的水果和蔬菜。七月初的一个晚上，我丈夫正在菜园里浇水，他告诉我："有动物把我们的茄子偷走了。"我轻声地笑了起来，他继续浇水。

第二天傍晚，我丈夫又检查了菜园。"又有一个茄子不见了。"我笑着说："嗯，看来我不得不少做奶酪烤茄子了……"

但你猜猜几天后发生了什么事。"凯瑟琳，"我丈夫喊道，"很多植物被连根拔起，消失不见了。""你觉得是什么动物来偷的？""也许是一只浣熊或一只臭鼬。"他很快地回答。"而且，"他补充道，"我觉得花栗鼠从地下偷走了胡萝卜。""哦，没关系，亲爱的，"我回答，"那些动物也需要吃东西呢！"

接下来，我们仍然忠诚地除草、浇水和施肥，在植物失踪的地方种下新种子。然后就在八月初，似乎一夜之间，西瓜就从小高尔夫球般大小长成网球那么大、而西葫芦已经非常巨大，并且我们还有足够多的番茄给街道的每一个人。

你看，尽管我们曾丢失了很多蔬菜，但是只要坚信会有收获，我们就真的获得了大丰收。这让我想起了以前收到过的一位读者的信，她在信中写道："我刚丢了工作，而几年前我失去了父母，没有钱，没有前途，没有任何人可以依赖，看上去我好像没有任何希望。有一天，我随手拿起报纸，翻开其中一页，阅读你的专栏。你似乎正直接与我对话。你告诉我，上帝在关心我，他对我是有计划的，我必须相信他会给我好的未来。"

是的，的确，拥有信念可以让希望变成现实，让相信它的人看到别人看不到的东西，听到别人听不到的声音，触摸到别人感受不到的色彩。

她放下了报纸并开始祈祷，她觉得自己重新看到了希望。上帝似乎在鼓励她，对她说："要有耐心，相信我。"这位妇女告诉我，从那以后她变得非常乐观，并且在一个慈善机构里同许多女人一起帮助别人。

她在信中还写道："我现在从事一份令人尊敬的工作，时常和一些特殊的人群打交道。我从中明白我的愿望终有一天会实现。"

我们都有对自己人生的期望。当我们满怀信心，距离期望实现的日子就不会太远。

我曾听过一个小男孩在海滩上放风筝的故事。一个人走在沙滩上，看到这孩子来回跑，便问道："你在干什么？"男孩有礼貌地回答："我在放风筝。"

然而，由于风筝飞得太高，那个人无法看到它，就质疑道："你怎么知道风筝还在呢？"男孩回答："我知道风筝还在，因为我能感觉到线上有东西在拖拽。"

无论你的境况如何，就好像这个小男孩在放风筝，过路人看不到，但只要感觉有一种东西在你心里，相信上帝就会引导你去完成他的完美计划。

现在，让我们回到心里的那片土地，播下一颗小小的种子，一起努力、期待和敬畏，让它在我们的希冀中成长、发展、壮大吧。

（凯瑟琳·维戈里托）

战胜自我

忘了是哪位哲人说的话：战胜别人不难，难的是战胜自我。以前，我对此不太理解，最近发生的两件小事，却使我顿悟。

那天，妻儿不在家，自己又懒于下厨，于是，信步进了一家餐馆。坐下不一会儿，服务小姐笑眯眯向我递上一本菜谱。自从成家，极少下馆子，今日一翻菜谱，方知菜价吓人。我只要了一盘白菜炒豆腐，一碗鸡蛋汤，一份米饭。服务小姐一走，我只觉得脸上发烫，心中顿生一种羞愧感。到我用膳时，一眼瞥见离我不远有一男一女笑声朗朗，吃得快活，野味海鲜十几盘，男的白酒，女的红酒，你劝我饮，好不开心。末了，那红鼻子男主角丢给服务小姐3张"老人头"，对方找给他几张拾元票，他数也不数，往口袋里胡乱一塞，扶着那位小姐的纤纤细腰，步态蹒跚地走出了餐馆。

而我呢，一直到自己吃完"快餐"离开店门好一阵子，脸上还在发烧。其实，服务小姐没笑我，红鼻头及其女友也没有注意我，而"我"却和自己过不去：瞧你那副寒酸相，没钱就别下馆子，一素一汤，脸面丢光！

这念头在我脑中盘旋了半个多月，心里老觉得压抑，很想寻找一次发泄的机会。正巧，这天收到两张稿费单，虽说够不上为"一笔"，但用它"扳面子"估计足够。于是，我西装革履，来到上次那家餐馆，一口气点了八菜一汤外加一瓶葡萄酒（我不喝白酒），很有脸面地细嚼慢咽，频频举杯，潇洒享用。我想，这下"我"应该对得起自己了，好歹扳回了上次在这里"走麦城"的败局。

可是，当我走出餐馆，心中同样不好受。一路上，"我"又骂自己了：你还真能赚会花，酒喝虽一半，菜剩三分之二，难道你就不心疼？现在面子扳回来了，你心里踏实了？别忘了，你是工薪族！浪费可是最大的犯罪呀！

说实话，我心里一点儿也不踏实。是谁要我花钱买面子的？还不是我头脑中那个小小的"我"！

由这作怪的小"我"，我想起了《韩非子·喻老》中的一则小故事：曾子和子夏在街头相遇。曾子见以往骨瘦如柴的子夏忽然胖了起来，感到惊讶，便问他原因。子夏说："往日，我读到尧舜禹汤的道德仁义，十分羡慕，看到别人的荣华富贵，心中又产生嫉妒，这两种心思搅得我不思茶饭，难以入眠，人也就消瘦了。如今，仁义战胜了嫉妒心，我没有了精神负担，自然也就心宽体胖了。"

这里，韩非子借子夏之口，阐明了老子的"自胜谓之强"的哲理，他强调，做人要善于战胜自己头脑中各种患得患失的私心杂念，主张人应当以仁义为本，从单纯的物欲中解脱出来。

　　人生最容易患的病恐怕就是自己和自己过不去，总是自觉不自觉地拿自己和别人比。国有国情、家有家境，很多事情无法相比，做人应随遇而安、知足常乐，特别在生活上，还是艰苦朴素一些好。

（梅承鼎）

人格比美貌更有魅力

　　这个世界是由女人和男人组成的。无论是女人或者男人都会喜欢吸引异性或被异性所吸引。

　　曾有那么一个男人，与刚认识不久的漂亮女友到服装店挑选新衣，女人在更衣室里对着镜子换衣服的时候，突然转向那个男人，笑着问："怎么样，漂亮吗？"

　　那男人有点惊慌了，一时不知她问是什么漂亮，也不知该说什么好。

　　换上新衣走出服装店，她又笑着问："我不漂亮吗？"这次男人很快回答："当然很漂亮！""那你喜欢我吗？"男人的脚步似乎有了些分量，走了几步反问道；

　　"你要我说真话还是假话？"

　　"当然是真话！"

　　"我喜欢，真的很喜欢。不过，这只是一个男人对一个女人的喜爱。"

　　女人很高兴。但那个男人知道，以她的文化修养，她并没有真正听懂他的话。那个男人就是我。

其实她所做的一切，都是性挑逗和性吸引。我不敢说我不喜爱，但那种喜爱充其量也不过是男人对女人的喜爱。这种喜爱也可能进一步发展为友情、爱情，但大多数只可能是落花流水，来得突然，去得也突然，难于得到内心的相通，也难于长久。因为它的基础仅仅在于性，缺少更铭心刻骨的东西。

一次几个人相约去跳舞，临离开舞厅时，小虹忽然跑来抱住我的胳膊，做出很夸张的亲昵，似乎在向什么人显示地连说："我们走！我们走！"出了舞厅我才敢问；"这刮的什么风，让我和你也能成了'我们'？"

她回头指了一个人，悻悻地说："那个小流氓死乞白赖地缠着我不放，非要跟我交朋友！"

看那年轻人衣着相貌并非流氓无赖之流，倒像是十足的良家小生。我不由哈哈大笑。小虹嗔怪道："人家吓得要死，你还幸灾乐祸！"

"如果我是他，我也可能那么做的。"

她一愣："为什么？"

她的上衣是一件小而短的西装外套，不系扣。里面只有一件半身的紧身内衣，乳房的上部几乎完全公开于众。

"你的那个，"我只好用两手在自己胸前一比画，"就是让我看了也不能不想入非非，只不过那个小生和我公开说了出来，别的男人都有修养，只是心里想嘴里不说。我不明白，你这样穿着是为了什么呢？是你自己让男人想入非非的呀！"

她的回答却是："去你的吧，净瞎说！"

过分地张扬性的魅力，容易使男人想入非非。要么就是女人有意挑逗男人想入非非。

不能否定女人可能也应该用性的魅力去吸引异性，但是，对于女人来说，还有比性魅力更要紧、更有效、更长久的魅力。

单位里雇一名临时清扫工，可能因为她的相貌太一般了，也可能是因为她的工作太无足轻重了，虽然她已经工作了几个月，许多人仍然没有注意到她。某一天，几间办公室里的办公桌都被窃贼撬开，公私用品被扔得到处都是。她在走廊里清扫时费了许多功夫去翻捡那些垃圾。她发现一个扔掉的信封里装有钱，就交给了管事人。事情传开，这时人们才知道了她的名字。

过节的日子，单位举行舞会。刚刚做了出纳员的她默默地坐在角落里，我怀了真诚去邀请她跳舞。不料她的舞姿很快引起男人们的注意，更没想到她唱的歌也引起了人们的注意，此后居然场场都有人争先恐后请她跳舞。经过交谈我才知道，她读过很多书，对许多问题都有自己独特的看法。我还读过她写的几篇散文，一篇写男女友谊的短文很让我感动。许多年轻人与她来往起来，我和她也成了真诚的朋友。

女人像这样靠了人格的魅力吸引男人，是人对人的吸引，他们如果能够成为朋友，大都会以相互理解、相互真诚为基础，不容易带有其他目的。

女人当然不能没有性的魅力，但是，一个女人如果只有性的魅力，没有人格的魅力，她所结交的男人很容易缺少人对人的理解与真诚，更多的却是离不开男人对女人的喜爱。男人的这种喜爱往往经不起时间的淘洗，因为男人在这上面是容易喜新厌旧的。

一个女人只看重自己性的魅力，不下功夫修养人格的魅力，也许会在青春的年华里结交下几个男朋友，可是，一旦性的魅力衰退了，她还会有什么魅力呢？

一个女人不仅有性的魅力，更要注意自身的人格修养，即使青春逝去她也仍然有吸引男人和女人的魅力。人格的魅力虽然有时不如性的魅力那么富于诱惑，那么立竿见影，那么触目惊心，但它却更深沉、更感人、更长久。

女人仅靠性的魅力去吸引异性，只能是女人对男人的性吸引，当然会唤起男人的性冲动和性爱，却也难免流于肤浅，甚至轻浮。

女人靠人格的魅力吸引异性，是超越性之上的人对人的理解、沟通和吸引，是更深层次上人。与人的交往，是男人对女人人格力量的认可。

假如一个女人既有性的魅力，更具有人格魅力，那才是对异性、对同性最完全的吸引。

（孙东）

滴水与涌泉

他是一个从小失去母爱的孩子，父亲是军人出身，家教很严。他很听话，但也很难有撒娇和诉说的机会。

1955年，他上六年级时，班主任换成了钟老师。他在所有老师面前就和在父亲面前一样，而对钟老师的一种特别感觉，是从一个细节开始。

那天，钟老师叫他去房里，他低头站着，不说话也不动。老师笑问："你妈妈是不是特别厉害？"他抬起头，小声说："老师，我没有妈妈……"他看见老师惊颤了一下，眼睛变得非常柔和并闪动出泪光，遂拉了他手说："孩子，咱俩有缘啊……老师是从来没做过妈妈……"老师红了脸，换了话题："今后要多参加课外活动，男孩子要像个男孩子的样子……无论有什么心事，一定要告诉老师，好吗？"他使劲点头。

就从那一刻起，钟老师在他心里就不仅仅是老师，而更像个妈妈。他学习更努力了，也喜欢体育活动了，在钟老师面前不知不觉变得不停地说呀说的……那次学校老师结伴一起春游，别的老师都带着爱人或孩子，而钟老师只带着他。有老师开玩笑："钟老师，宋金萍是你认的干儿子吧？"腼腆的钟老师红脸无语，只握紧了他的小手。在老师们的一片笑声中，10岁的他在心里种下了一个誓愿：爱钟老师，要比爱爸爸妈妈更爱，爱一生！

钟老师只做了他一年的老师。上中学后，他第一件事就是给钟老师写信，平日有什么心事还是第一个告诉钟老师，一有机会就看望她，直到考上了北京体育学院。

1961年，钟老师专程去学校看他。他正在吊环训练，钟老师微笑着走近时，他因饥饿眩晕跌落在地上。钟老师尖叫着扑过去将他抱起，擦着他满头的虚汗，心疼得直掉眼泪。不由分说，钟老师带他上街美美地吃了一顿，看着他那狼吞虎咽的可爱样儿，钟老师又笑了个泪流满面，塞给他22元钱和一把粮票，说："今后，老师只要求你吃好！"他没有客气，只像对亲妈那样娇笑了一下。

1967年，他恋爱了，第一件事就是带女朋友让钟老师见见。1969年，他结婚了。不久他和妻子被强隔千里，分居了10年，那10年他和钟老师的通信也难以尽述衷肠。1979年，他终于和妻子团聚了，第一件事情仍是一起去看钟老师，从那天起他就把孝敬钟老师列为首要大事。1983年，他和妻子终于有了房子，第一件事还是将钟老师接到家里来。老师已经82岁，她晚年的幸福就是他追求的最大幸福！

他的心很痛，一直独身从教苦育桃李的钟老师，在82岁时才有了一个温暖的家，太晚了，他要竭力补偿！在教学中，钟老师已经摘除了一只熬坏了的眼球，另一只眼睛视力也越来越差。为了能最好地照顾老师，他和妻子放弃了大房子换了离单位最近的小房子，跑步上下班，想方设法让老师吃好玩好。1991年，老师另一只眼睛也失明了，已经90岁的老人，不仅有了孩子气，也有了莫名的脾气，听音乐的收音机摔坏了一个又一个，有时还会哭闹，有时又顽皮如婴儿，将卫生纸撕得满床满地都是。这时，他就笑着让撕，妻子苦笑："老人真比孩子还难带……"他就给妻子反复讲他10岁时老师感动他的那个细节——那时，他也是孩子！

至2011年，这样无微不至的孝敬已经整整28年。已经99岁的钟老师，身体除了眼睛之外，其他内外器官全都健康，连医生都惊奇："这个家，了不起，了不起！"

返老还童的钟老师，有时很顽皮，但对许多往事细节却记得异常清楚。那天，钟老师尽兴地玩闹了一场后，忽然静了下来，有泪从一只眼镜的镜片下方流出，同时朝一直在笑的他伸手，哽咽说："过来，金萍……"他过去了，就像当年在老师房里的第一次那样。老师搂住他，字字清晰地说："孩子，咱俩有缘啊……老师是从来没做过妈妈……男孩子要像个男孩子的样子，无论有什么心事，一定要告诉老师，好吗？"

他泪流满面地笑了，老师，99岁的老师，竟将55年前第一次对他说的话一字不变地说了出来！是的，一切的一切都是从那一刻开始的，亲与善的结缘与交融，比生命的孕育和出生更深重而恒定，不会变也不可能变，因为这已经不是肤浅的承恩与报恩，而是一个老师和一个学生于善缘奇遇中的结体，一种超越俗常的同生共享——同生滴滴之水，共享融融涌泉！

（张鸣跃）

青春的盲动

他没有考上高中。榜上无名，脚下有路。他上了郑州一家职业学校，学习服装设计。他希望自己能够成为一位服装设计大师。

他每天骑着车上学，骑着车回家。服装设计班的女生多，男生少。他很文气、阳光，自然成了班里女生追逐的对象。可是，他不屑一顾。他把主要精力都用在了学习上，他要把没有上高中的遗憾补回来。可是，学校计算机班的一位女生的出现，让他的生活从此不再平静。

那是一个夏天的早晨，他骑到一个十字路口，看到一位穿红裙子的女孩正在修理自行车。自行车的链子掉了，女孩无论如何也挂不上，急得满头大汗。这时，他骑车刚好赶到。女孩向他笑了笑，喊道："嗨，帮个忙。"他把自己的自行车停稳，俯下身，用手捏着链子，然后，把脚蹬轻轻一搅，车链便挂到了齿轮上。他站起身，把车交给了那位女孩。女孩跨上自行车，转过头，对着他灿烂地笑了笑。这一笑把他醉倒了，他发现，这个女孩的笑容就像是一朵盛开的桃花。

自此，他便没有了心思学习，满脑子都是那女孩美丽的笑容。他曾努力使自己忘掉那女孩，把精力转移到学习上来。可是，他做不到。那个笑靥就像是一个妖魔，任凭他怎么努力，都无法把它赶走。其实，这样的爱恋是所有的少男少女都会遇到的事情，实在是没有什么大惊小怪的。这时候，如果能有人对他进行正确的疏导，他也许就会用健康的心理来对待这件事情。可是，他没有，他一个人默默地承受着这种青春的骚动。

为了能够再看到那位女孩，他一个人默默地在他们相遇的那个地点等她。他终于等到了她。她见了他，没有停下来，只是对着他莞尔一笑。他看到她的笑容，心底就像是一阵春风拂过平静的湖面，荡起了无数的涟漪。他骑着车，默默地跟在她的后面。两个人骑着车，一前一后，一同上学，一同回家。没有语言交流，只有车轮夹杂着心跳的声音。自此，这种心跳成了他的一种习惯、一种享受。在他的心里，她就是他的恋人。

然而，这种"恋爱"在半年后被打破了。因为，女孩的单车上已经有了一位男孩。女孩坐在单车的后面，紧紧地搂着那男孩的腰，两个人爽朗的笑声洒满了他们所经过的马路。虽然，女孩见了他，还是会莞尔一笑。但是，在他看来，她已经见异思迁、移情别恋了。这对于"恋爱"中的他来说，是那么地不幸、那么地憎恶。经过一次次的相遇、一次次的怨恨，他心中的怒气越积越多，就像是一只充满了气的气球。终于，有一天，这个气球爆炸了。

那天，男孩像往常一样，载着女孩回家，在他与女孩相遇的那个地方，他把男孩女孩拦了下来。他二话没说，手持短刀就向那男孩的胸膛刺去，一切都是那么突然、那么恐怖，让女孩惊恐，也让他惊恐。他万万没有想到，自己真的会杀人。结果，男孩经过抢救无效死亡，他被捕入狱。

青春不能盲动，虽然，每个人的青春都会有骚动的时候；但是，我们一定要把握、控制住自己的情绪，千万不要一失足成千古恨。

（清风）

最美"熊猫女孩"

那天，公司为某作家出版的新书做宣传，大家都忙得团团转。她亦不停地在人群中穿梭。

这时，手机响了。她匆匆一瞥，屏幕上显示着一个陌生号码。工作忙，本想不去理会，却不知为何，一颗心竟隐隐漾起不安。迟疑片刻，按了接听键。

电话是一个素不相识的女医生打来的。对方告诉她，现在有个危重病人，急需输注A型RH阴性血小板，否则，会有生命危险。经核实，她确认是市血液中心把自己的联系方式提供给这家医院的，于是她当即表示，愿意捐献血小板给这位患者。

挂掉电话，她赶紧去找经理请假。虽然她知道，现在公司正需要人，昨天经理刚给全体员工开了会，要求大家必须全力以赴，任何人不得以任何理由请假。并且，她非常清楚，如今就业形势十分严峻，大学生求职都是处处碰壁，何况自己只是一个小小的中专生呢？更重要的是，虽然这份工作薪水不多，却是家里收入的主要来源。母亲身体不好，经常等着她的钱去看病。弟妹还小，也要指着她的工资上学读书……然而，即使脑海里顾虑重重，她仍然义无反顾地推开了经理室的门。因为，对她而言，现在最重要的是救人，与宝贵的生命相比，所有的理由都是那么地微不足道。

好在，听了她的叙述，经理不仅非常支持，还专门派车将她送到了医院。坐在输血室的凳子上，四周一片洁白。她轻轻褪去左臂的衣袖，等着护士将粗粗的针头扎进血管。大约过了一个半小时。看着自己鲜红的血液沿着不同的透明塑料管线，流入三个密封的塑料袋内，分离出病人需要的血小板后，部分血液又重新流回自己的身体，她紧张得手心直冒汗，身体也相继出现了一些不舒服的感觉。她闭上双眼，在心底轻轻地对自己说：再坚持一下，你能行！

令人动容的是，十一年来，她所有的坚持，以及一次次无偿的付出，都是为了此前从未谋面，今后也很可能没有任何联系的陌生人。

她叫周晓娟。80后女孩，体重不到50公斤，在兰州一家民营图书发行公司工作。自2000年始，至今已累计无偿献血达4000毫升，比她身体内循环着的全部血液还要多。

周晓娟的血型为RH阴性A型。在汉族人群中，拥有RH阴性血型的人仅占千分之三，而A型、B型、AB型、O型的大概比例为3：3：3：1。因此，如果同时考虑ABO和RH血型，像晓娟这样的血型，在汉族人群中仅占万分之几的比例。

某血液中心的人说：晓娟总是有求必应。换手机号时，担心我们联系不到她，每次都会及时告知。她的血因为稀有而珍贵，往往是救命血。在我们眼中，她更像一个救火队员，总是出现在最危急的时刻。

2010年，周晓娟又利用血液中心搞献血者联谊活动的机会，特意留下了RH阴性血型的献血者的QQ号，并创建了"熊猫之家"QQ群。开始，群里只有10来个成员，现在已增加到30人左右，不仅有RH阴性A型的，也有RH阴性B型、AB型、O型血的网友。如今，"熊猫之家"已经成了甘肃血液中心的一个重要工作平台。

因为多次无偿捐献"熊猫血"，很多网友都称赞晓娟为最美"熊猫女孩"。面对媒体的纷纷报道，晓娟却安静地笑笑，认为自己不过做了一件"平常事"。然而，所有人都知道，这个端庄朴实的女孩所说的"平常事"却一点都不平常。因为，她献出的每一滴稀有血液，对那些病危的生命而言，是用多少黄金白银都无法换来的。

"人生在世，每个人都会遇到这样那样的病痛。大家互相帮一下忙，生命的坎儿就过去了。况且，不论是献血，还是创建QQ群，我在帮助别人的同时，也是在帮助自己。"说这话时，晓娟又向一位素昧平生的患者伸出了手臂……

走在大街上，周晓娟只是个貌不出众的普通女孩，然而，正是这样一个平凡的普通人，血液里却流淌着世间最珍贵的善与美。晓娟的珍贵，不仅在于她拥有的稀有血型，更在于她拥有一颗无私而富有博爱的美好心灵。

（清心）

一只杯子装沧海

　　小和尚向老和尚学禅。老和尚给了他一个杯子，告诉他杯子装满了再来找他。小和尚找了一把石子，一下子就把杯子装满了。然后去找老和尚，老和尚摇摇头，小和尚想了想又往杯子里加了一把沙，老和尚还是摇头。于是他又加了一些水，老和尚仍旧摇头。小和尚实在无计可施，老和尚拿过那个杯子，把里面的东西全部倒光，然后重新把杯子递给小和尚："现在不是又可以装了吗?"

　　我们的心其实就是一只杯子，是可以容下沧海的，杯子可以容下沧海，因为杯子可以一下子填满，也可以永远都填不满，而当科学家把地球的体积、质量都精确地测算出来时，理论上沧海再大也是有限的，而杯子可以无限次清空，沧海再大，却依然会在一杯一杯的过程中消耗掉。

　　许多时候，当我们以为自己在某些方面已经达到极限，甚至已经饱和时，其实你还可以"格式化"，重新再来，只要有重来的勇气。倒掉一杯已有的物品，不要因"身外之物"让自己负重而行，没有舍哪有得？放弃坏习惯，你会收获素养；放弃虚荣，你会得到真实；放弃权贵，你会找回平凡的自我。

我们的心也并不大，但我们的精神世界却无限宽广，想要容下新的风景，就要学会清空；想要装下沧海，就要懂得放弃。

（方敬杰）

做一枚闪闪发光的橙子

励志、成功，可算是江湖里上座率最高的两个名词。可人生的真正意义，果然在此吗？

一个偶然的原因，需远离喧嚣舞台一段时间。朋友圈子里，多的是扼腕叹息和意味深长的目光。而我，无疑也是有点灰心和绝望的。一想到这虎虎生风的江湖从今就是别人的，心中难免伤感。

回程的车上，椅座间骤见一本摄影集，随手翻了，整个人忽然中了蛊一样安静下来。是一组食物、花卉的图片。洁白的盘子，锃亮的刀叉，两块烤焦了皮的提拉米苏，随意斜躺在格子布的餐台上，如此甜美，而又如此纯净，似乎澄澈得一颗心都要雀跃起来了。

继续向下翻，白瓷大碗里堆积出高度的金黄橙子，散发着淡黄色光芒，在一支斜斜的淡黄色花蕾的衬托下，明净如阳光。

看到这样的图片，我的心，就好像漂浮在水面上的一块海绵，越来越重，终于重到潜入幽寂的海底，须臾间似乎听到了一枚橙子的呼吸。

是谁，在这俗世间最庸常的充饥之物中，唤出了灵魂和大美？

循着图片，我看见了那个陌生的名字，Aran Goyoaga。一个出生在西班牙的黑发女子，笑容明媚，眼神温暖，是两个孩子的母亲，还是当地有名的美食作家、造型师、摄影师。幼年的 Aran Goyoaga 在祖父母的糕饼店长大，在别的女孩儿热衷化妆和新裙子的年纪里，她就开始迷恋厨灶间的味道。稍微长大之后，按照家人的意愿，Aran Goyoaga 主修商业和经济，成绩优异。

可大学毕业后，Aran Goyoaga 做出了令众人愕然的选择。在众多同学纵身跃入名利场后，她轻巧转身，回归散发着老祖母味道的厨房。

这些美轮美奂的图片，初始只是被她放到自己的烹饪博客上。Aran Goyoaga 从来没有想到，这些散发浓郁芬芳的提拉米苏，或者一杯浓艳的咖啡，可以为自己带来全世界的拥趸。

可她，的确带给了这个世界震动。所有人都讶然，一个普通的主妇，竟可以在每一份食物中找到澄澈的灵魂。那些每天被我们饕餮大餐的食物，没有任何的包装和灯光，只在素白中，切近地和你我对视。然后，我们就听到了，静默的歌声和安逸的咏叹。

蜂拥而至的盛赞中，Aran Goyoaga 波澜不惊，她本是不屑世俗名利的女子，所以会有那样的坦白——如果我想要得更多，当初又何必走入厨房。一辈子太短，我想要的，不过是在尚可体会食物精髓之美时，走近它们，感知它们，就像一枚闪闪发光的橙子，在阳光下，储存温度，等着哪个孩子突然跑来，吮吸那份暖洋洋的甘甜。

瞬间醍醐灌顶，那一刻，坐在颠簸车座上的我，只觉得头顶之上曾经喧嚣的万念轰然坠下。俯首继续看那一页，一杯浓郁的牛奶，杯沿上搁着撕成一角的松软面包，清晰油香浸透绵长目光。

只是短短的一程，可下车的时候，刚刚从宴席上满载而归的失落和沮丧早已风烟俱净。这些年，读了那么多的书，走了那么多的路，见了那么多的人，却在这个黑暗的夜晚，从一个西班牙女人的眼睛里，悟到了人生的真相。

就像一枚橙子，默然在阳光下，倾听灵魂一点点变暖变甜的声音，这才是最本质无须任何附加条件来催化的安宁和快乐。

（琴台）

与其深沱，不如种花

楼下又响起了吵闹声，这熟悉的声音，隔几天就会听到一次。两个女人的声音，像爆竹一样，又响又尖，此起彼伏。

那是一对母女。母亲六十多岁，女儿三十来岁。据说是老太太早年离异，一直独自带着这个独生女儿，女儿则一直没有嫁人，心情不愉快，工作也辞了。按理说两人相依为命，母女情深，也能享受到一番天伦之乐、偏偏这对母女像冤家一样，隔三岔五地就大闹一场。

开始只在家里吵，后来索性不再避嫌，不管认识还是不认识，只要见到人就大声控诉。老太太说女儿没有良心，她这么辛苦拉扯大她，她却对她百般挑剔，这么坏的脾气，活该嫁不出去。

听到这话，女儿立刻大声质问："是谁让我嫁不出去的？一出去约会，就要限时间，还把人家叫到家里，又是警告又是辱骂。还说我脾气差，谁又能容忍你的脾气？"

母亲唠叨女儿不听她的话，如果当初念书肯用功，考取好学校，有份好工作，找个好男人嫁掉，她就不必再为女儿存老本，自己也可以像其他老人一样，四处旅游，尽享清福。

女儿则撇嘴冷笑，说自己单亲家庭里长大，父母没有给她应得的爱，能走到今天，已是阿弥陀佛。她不嫁，只是因为父母的婚姻，没有给她做出任何榜样。"你倒是嫁了，又能怎样，还不是一样要离？"

更不堪的故事，还有。

某友的外婆，已近一百岁，孤独地住在乡下，靠他付钱找亲戚照看。他和妹妹却好多年都不肯去看一次。乡下的亲戚说，自己也有老人要照顾，累了倦了，多少钱都不想再替他们兄妹尽孝了。

我问他，为什么不接到身边，找个疗养院，周末可以去看看她。

他摇头，说正是因为不想见到外婆，才特意送到乡下去的。他付钱找人看她，已是良心之举。想要再多，门都没有。

为什么会这样？

原来，某友的母亲，在他11岁的那个夏天，去世了。去世时，某友的父亲开长途货车不在家里，走之前交代外婆，好好看护，但那晚外婆却打麻将去了。

某友和妹妹，从此再也不能原谅外婆。而且一直认为，是外婆害他们小小年纪就失去了母亲。

可是你的母亲，也是她的女儿啊，她难道不是一样痛苦？痛苦还去打麻将？某友一说起这个，就气得脸色铁青，五官都变了形状。30年过去，还沉浸在受伤的痛楚中，无法做到设身处地。

亲情之伤，常常比其他任何情感都来得猛烈、纠缠、如火如荼，不是一句两句劝解就能化解开的，非得要双方拿出极大的诚意和耐心，而且还要有时间参与教化，才能让心田渐渐安适。

可是却很少有人能做到这些。

往往同住屋檐下，或恶语相向，或冷若冰霜。因为哀伤、因为怨恨、因为后悔、因为没有勇气去面对，便沉浸于伤心往事中，只给亲人交付硬邦邦的一副心肠。

这，多么愚蠢。

爱，常常会在不知善用的情况下，不断粉碎，衍生出烦恼和痛苦。它像一根粗大的绳子，死结一旦出现，不是毁了别人，就要勒死自己。侥幸存活的，转而开始恨这人世，为什么偏偏他这么倒霉，遇见如此的父母、兄弟姐妹，有吃不尽的苦头、过不完的烦心日子？

于是，一次次将土层扒开，朝岁月深挖，掘出的全是久不愈合、业已溃烂的伤口，流着脓，发出腐烂的味道。旧情总要植入现实的泥土，才能够萌发、开花、结果。感情是需要共鸣、呼应，才能深入彼此。与其苦苦深挖，不如将曾经的一切，倒入枯井，添埋新的土层之后，再一起播撒亲情之种。待到秋后，一家人聚在一起，品尝丰满多汁的果实，那份甜美，该能多么抚慰曾被过度折腾的灵魂呢。

（夏景）

世无绝对

美国某电视台开办的极限节目中，有一项是"人与虫子"的对决。举办人把丑陋的爬虫放在玻璃缸里。挑战者伸进头去，让这些虫子爬满自己的脸……据说此项挑战比攀岩绝壁、蹦极更让人胆怯。

其中非洲大蛹是最难看、最丑陋、最令人恐惧的爬虫，它浑身是毛，口吐黏液。三百只这样的恶虫在玻璃缸里一起蠕动，别说人把头伸进缸里，就是看一眼都毛骨悚然。结果所有的参与者，都拒绝了这项挑战。他们纷纷表示，就是丢掉50万美元，也绝不会碰这些丑陋的虫子！

然而，当这些丑陋的、令人作呕的大虫蜕壳后，人们却为之一震，原来它是世上最美丽的非洲蓝蝶。许多人都把它作为珍贵的标本收藏。你看，原本碰都不敢碰一下的东西，时隔两月，却变成了人人都想抚摸的漂亮蝴蝶。事情全变了！你是那么想抓到它，想与它亲近。

人生在世，一切都是活的、变化的。就是在最糟糕的时候，也没有必要绝望。别把事情看绝了，因为天下没有绝对的事。这是一

个看问题的角度，这个角度会让你变得开朗、自信。因为没有绝对，

你的心才会永远不死，才愿意等待，直到一切都好起来。

（陈勇）

千万别自寻烦恼

有一个年轻的农夫，划着小船，给另一个村子的居民运送农产品。那天的天气酷热难耐，农夫汗流浃背，苦不堪言。他心急火燎地划着小船，希望赶紧完成运送任务，以便在天黑之前返回家中。突然，农夫发现有一只小船向自己迎面快速驶来。眼看两只船就要撞上了，但那只船并没有避让的意思。"让开，快点儿让开，再不让开你就要撞上我了！"农夫大声向对面的船吼叫道。但是，他的吼叫完全没用，尽管他手忙脚乱地企图让开水道，但为时已晚，那只船还是重重地撞上了他。农夫被激怒了，他厉声斥责道："你会不会驾船，这么宽的河面，你竟然撞到了我的船！"当农夫怒目审视那只船时，他吃惊地发现，小船上空无一人。

在多数情况下，当你责难、怒吼的时候，你的听众或许只是一艘空船。很多时候，世事并不像有的人想象的那样糟糕，有些本来不值得放在心上的事，有的人却把它当成无法排遣的烦恼而郁闷在心，以至于整天愁眉不展。其实，人生的很多烦恼都是自找的。

人们在生活中，总免不了有一些苦恼烦闷的事。有些烦恼来自外界，必须正视；而大多数困扰则源于内心，这就是所谓"自寻烦恼"。

有一个和尚，每次坐禅都觉得有一只大蜘蛛跟他捣蛋，无论怎样也赶不走。他把这件事告诉了师父。师父让他下次坐禅时拿一支笔，等蜘蛛来了在它身上画个记号，看它来自什么地方。和尚照办了，在蜘蛛身上画了一个圆圈。蜘蛛走后，他安然入定了。当和尚做完功，睁开眼睛一看，那个圆圈原来就在自己的肚皮上。

许多我们推给他人或外物的过失，毛病竟在自己身上。当然，这种来自自身的困扰，我们往往不易察觉，更难以用笔"圈"定。天下本无事，庸人自扰之。

心理学家为了研究人们常常忧虑的"烦恼"问题，做了一个很有意思的实验。心理学家要求实验者在一个周日的晚上，把自己未来七天内所有忧虑的"烦恼"都写下来，然后投入一个指定的"烦恼箱"里。三周后，心理学家打开这个"烦恼箱"，让所有实验者逐一核对自己写下的每项"烦恼"。结果发现，其中九成的"烦恼"并未真正发生。

然后，心理学家要求实验者将记录了自己真正"烦恼"的字条重新投入"烦恼箱"。又过了三周，心理学家打开这个"烦恼箱"，让所有实验者再一次逐一核对自己写下的每项"烦恼"。结果发现，绝大多数曾经的"烦恼"已经不再是"烦恼"了。烦恼这东西原来是预想的很多，出现的却很少。

心理学家从对"烦恼"的深入研究中得出了这样的统计数据和结论:"一般人所忧虑的'烦恼',有40%是属于过去的,有50%是属于未来的,只有10%是属于现在的。其中92%的'烦恼'未发生过,剩下的8%则多是可以轻易应付的。因此,烦恼多是自己找来的。这就是所谓的烦恼不寻人,人自寻烦恼。"

1998年,米歇尔和队员代表中国参加了国际摩托车大赛,在45支参赛队伍中名列倒数第一。但车队在2000年上升至第15名,到2001年进入了世界前三强,在2002年和2003年则均获世界第一名。

在强手如云的世界摩托车队伍里,没有雄厚的资金,没有专业的车手,米歇尔和他的车队怎样创造了这个奇迹呢?在接受记者采访时,米歇尔只谈了一点,他说他的秘诀就是绝不让自己不愉快的情绪延续的时间超过五分钟。米歇尔举例说,他每次与人争吵后,马上走开独自静一静,只要过了五分钟,不论谁有理谁无理,他都会主动去赔礼道歉,同与他争吵的人重归于好,消除烦恼,重新找回快乐的心境和友好的氛围。

烦恼就像一根打了结的绳子,一头牵着自己,一头牵着他人。我们越是和烦恼过不去,这个结就会越牵越紧,烦恼也就越来越多。如果为了这些烦恼消耗我们大量的精力和时间,我们怎么能热情地、全力以赴地投入到工作中去呢?又怎么能较快地获得梦想中的成功呢?让烦恼只留五分钟,这是及时解"结"的好办法。

先哲说:世界上最宽广的是海洋,比海洋更宽广的是天空,而比天空更宽广的是人的心灵。一个心胸辽阔澄明的人，是不会有那么多烦恼的。诚然，不是一切烦恼都是自寻的，但外因毕竟只是条件，内因才是根据。倘若心灵一片光明灿烂，那烦恼与苦痛便会远遁他乡。

生命是一段匆匆而过的旅程，只有把握好我们已有的一切，才能拥有一个实实在在的美好人生。

（章睿齐）

让痛苦伴我们一生

偶尔翻看一张旧报纸，发现了一件匪夷所思的事：湘西竟发现一名不知疼痛的奇异男童。这个小男孩被父母领到医院时，从头到脚遍布伤痕，刀伤、烫伤、烧伤、咬伤、摔伤、撞伤……不计其数的伤痕，让人很是惊诧。

孩子的父母说，这些伤痕都是因为他感觉不到疼痛造成的。因为不觉得疼痛，男孩在蹒跚学步时曾站在烧红的炭火上却不知将脚移开，直至脚心几乎烧烂；因为不觉得疼痛，头上撞了口子照样在野地里玩，直到被父母发现。这个没有痛觉的小男孩不晓得害怕，更不会逃离各种伤害，要是他的父母不能及时发现并带他逃离险境，他就可能生命不保。

男孩的父母哀求医生，求他们想办法拯救孩子的痛感神经，让孩子能够感知疼痛、懂得痛苦，从而能够保护自己。

不知道现代医学能否满足这对父母保护孩子的愿望，但是小男孩的故事却让我忽然发现痛苦，竟然是生命的一道防线。没有了痛苦，生命必然飘摇，找不到方向。

肉体上的痛苦让我们受到小小的伤害之后立刻逃开，逃离大的灾害甚至是灭顶之灾。痛是生命发出的强有力的警告。我猜想，一粒落入石缝里的种子是会痛的，因为痛，它才会改变方向，才会辗转着躲开压在它头上的碎石，从而找到湿润的土，找到空气，找到阳光，找到生命的坐标。

向上天祈求"让我们远离痛苦吧"，这往往是少年时的事。少年本"不识愁滋味"，可是偏偏那时痛苦最多：整天学习，痛苦；前途未卜，痛苦；陷于流言，痛苦；维特式烦恼，更是痛苦。只是走过少年、青年，回首往事，一个人一生中最幸福、最回味无穷的，总是那痛苦着的少年时光，那做学生时的艰苦岁月。那时，我们就像一粒种子，在给我们带来痛感的巨石罅隙中生存，辗转曲折地成长。正因为那些接踵而来的痛刺激着我们，才让我们生龙活虎地长大。

初恋常常夭折，正是因为初恋带来的痛苦太多太多。陷入爱情的年轻人，总是"痛并快乐着"：猜测、讨好、误会、解释，以及性格、观念、处事、未来……种种纠葛牵扯着两颗多情的心。倘若痛过之后找不到正确的方向，在误会的路上愈走愈远，分手也就在所难免。然而初恋即使夭折，那一段感情也会成为我们人生的珍品，值得我们用漫漫的一生来回味。因为感受的痛苦越多，人生的内容就越丰富。

当我们熟稔了手头按部就班的工作，看透了必将一成不变所谓的前途，不再相信人间会有真爱时，我们会觉得解脱了，不再痛苦了。可是同时，我们也失去了激情、快乐，失去了幸福的感觉。生命变得迟钝，自此，我们已走上了人生的末路。

致命的痛苦往往是不痛的，它不痛不痒地侵入体内，等人们发现时，它早已大兵压境，黑压压地蚕食着你的每一寸灵与肉。而那些一直痛着的人，跟跟跄跄地躲过一拨又一拨的磕磕绊绊，虽走得曲折，却恒久绵长。

还是坦然接受生命中所有的痛苦吧。痛，是因为我们还健康地活着，与其在幸福中逐渐麻木，不如在疼痛中揉醒惺忪的双眼。痛伴一生，才能让我们时时处在警觉之中。

（卢海娟）

珍惜对你说不的朋友

　　一位做企业的朋友，邀请我们一帮人聚聚。推杯换盏之后，朋友说出了聚会的用意，他最近要上一个新项目，请大家帮他出出主意。听了朋友的介绍后，大家只是跟着附和，说一些恭维和祝贺的话。大家都心知肚明，这么大一个项目，朋友恐怕早拿定主意了，所谓让我们帮忙出主意，只不过是客套话而已。没想到，有个人还真当了真，在详细问明了项目情况后，他连连摇头，认为这是一个被淘汰的夕阳项目，没有什么前景，最关键的问题是，它还是一个重污染的项目，如果上马的话，会对周边的环境构成很大的威胁。最后，他语气坚定地对朋友说，这个项目绝对上不得，否则，你会成为被人唾弃的无良商人。

　　朋友的脸色由红而白，由白而青，由青而紫。餐桌上的气氛，也一下子变得紧张起来。大家都有点责怪他，朋友难得聚会一次，你吃好喝好不就好了，说那么多干什么？再说，你讲得口干舌燥，人家也未必听得进去，还弄得气氛尴尬。

　　聚会结束后，朋友将我们送到楼下，一一握手告别。最后是那位摇头的朋友。朋友重重地拍拍他的肩膀：你的意见我会认真考虑，谢谢你的坦诚和忠告。

后来，朋友的那个项目，还真没上。没上的一个重要原因，就是那位摇头的朋友对他说的那番话。朋友说，这些年，随着生意越做越大，身边的人，包括以前的朋友，都习惯了对自己点头、附和，很少有人敢否定他的决定，对他的每一句话，都是言听计从，毕恭毕敬。朋友感慨，如今对自己说不的人越来越少了，这其实是一个很危险的信号。

朋友算是个成功人士，他的身边总是前呼后拥，围着各种各样各怀目的的人，慑于他的威严，身边的人自然很少会有人对他说不。朋友的感慨和担忧不无道理，当一个人处于一片附和声中时，很可能会丧失正确的判断，迷失方向。有时候，我们缺少的不是说"是"的朋友，而是敢于和乐于对你说"不"的朋友。

我们有一个同学，被提拔为一家单位的头头后，成了单位的一支笔，有签单大权，所以，他经常会邀请一些老同学聚会，然后，大笔一挥，签单了事。经常有免费的午餐吃，大家似乎都乐于有这样一个"慷慨"的同学，都夸这位领导同学有本事。可是，偏有个同学一点不给面子，直截了当地在酒桌上对那位领导同学说不，认为他不该这样做，今天敢签单请私宴，明天就敢中饱私囊。领导同学气得直哼哼，别的同学也认为这位同学大煞风景。此后，领导同学再请客，总是有意无意地忘记那位同学。几年之后，在单位办公楼改造时，领导同学因收受承包商的好处而事发，锒铛入狱，可惜悔之晚矣。

有时候，说不的那个人，恰恰可能是你难得的诤友。说"不"，不一定是拒绝、否定，也未必是推卸、推诿，而是温暖的提醒、善意的警示，是走错方向时喊你回头，是暗藏危险时拉你一把。在你的朋友圈中，有没有这样一位对你说不的朋友？他的每一个"不"，都值得你深思、反省，并好好珍惜。

（孙道荣）

最快的方式抵达幸福

　　朋友出门，总爱背一个大大的包，里面几乎囊括了与她生活息息相关的所有物件：钱包、指甲刀、化妆品、餐巾纸、MP4、钥匙、银行卡美容卡医疗卡，甚至还有笔记本电脑。她说只有将这些东西一一收进包，关门走出去的时候，她才会觉得在外是安全的、无惧的。那个大大的包，就是她背上的家，她携带着它旅行、上班、挤公交、乘地铁。

　　我去见她，拎一个小小的咪兔小包，里面除了钥匙、银行卡、手机，再无其他东西，她便会教导我说，这怎么行呢？尤其是一个女子出门在外，连个化妆镜都没有，就不怕遇到了上司，花容失色？我笑她：这有什么好怕的，谁规定下班时间还要穿职业装、有一脸迷人的微笑？我即便是不与他打招呼，他也似乎干涉不到吧？况且我觉得有这三样东西，足以轻松走遍天下了。钥匙可以让我打开家里的门，银行卡能够让我方便地取钱买必备的生活用品，手机则可以联系到我想要联系的朋友和家人。所以你瞧，我什么都不缺，一样能够潇洒走天下。

想起年少时书包里除了课本再无其他。有时候跑出去玩耍一天，母亲寻不到我，要沿着小镇曲折的小巷一遍遍地喊我的名字，直到将昏睡在柴草垛旁的我唤醒，揉揉惺忪的睡眼，踏着月光，踩着凉鞋，扑打扑打地走回家去。而今的孩子们，书包里有了更丰富的乾坤，手机、MP4、掌上电脑……坐公交的时候看到他们，却总觉得少了年少时脸上明亮的神采。他们的眼睛里，有一种对这个城市的一切司空见惯的厌倦与慵懒，似乎所有想要的一切，父母都早已安排好，他们只需懒懒地起身，走上几步，就能够够到那结在矮树上的诱人的柿子。

也曾经像朋友一样，有想要将整个世界都装入包中的霸道，总觉得这样离家，才不会走失、不会无依靠。那些用来涂抹我容颜的光鲜物质，它们充实了我的包，也慰藉了我怯懦卑微的灵魂。但是，在热爱物质生活胜过热爱精神纯真的年代，我被每日都在更新换代的物质所累，我始终追逐不上它们飞奔的脚步，我抱着它们，亦步亦趋，以为可以安全回家，却在一路奔走的时候，发现离心灵的故乡愈来愈远，直至我们彼此迷失，再也不能融合。

当我将小小的咪兔包挂在手腕上轻松出门的时候，我并未觉得我缺失了任何用来保障安全的物质。如果我觉得恐慌，我可以打电话给所爱的人，让他过来接我回家；如果我疲惫，我可以用钥匙打开房门，将心与喧嚣的门外世界短暂隔离；如果我口渴，我用几个硬币，买一杯绿茶，坐在路边的木椅上，安静地喝完，而后继续行走。

这样不带负累的行走，是抵达幸福最快的方式。

（安宁）

情到深处至简

朋友来了。

没说什么时候来的，也没说为什么来，打个电话，就让我到小区门口去接他。我们有四五年没见面了吧。其间，除了过年过节发个问候短信，几乎没有来往。我没有思前想后，急匆匆下楼去接他。一直以来，我信奉这样一个待客原则——无论风雨都去接你，不论远近都不送人。更何况是他，这个打小学起就在一起玩的朋友。

老朋友相见，才知道时光如梭。岁月在我俩身上烙下深深的痕迹，第一眼见，有些不敢相认。还是他大方，张开双臂，给了我一个结实的拥抱。这个突如其来的西式大礼，把我给弄蒙了，不敢回应他，挺直身子，木然地任由他抱着。

到了我家，在书房坐了一会儿，一杯茶的工夫，他提出要我带女儿一起去玩，说他儿子在宾馆，让两个孩子一起玩。

那个下午，两个不曾见面的小孩，由陌生到难舍难分。而我们两个大人，由当初无话不谈的熟稔，到如今对坐无言，傻愣愣地看孩子们玩得恣意盎然。通常下午女儿都要午休，我看时间不早，借口孩子要睡了，抱着孩子，匆匆与他和他儿子告别。两个孩子舍不得分开，都相约去各自的家里玩。我心想，一个在广州一个在南昌，相互串门，哪有那么简单。而我和朋友都只是淡淡一句："走吧！走啦！"

朋友走了。

一大堆的疑问，萦绕在心间。他为什么不远千里突然造访？这么多年没怎么联系，难道就仅仅是为了带孩子一起玩？为什么不提前通知，好让我有个准备……拿起电话想打给他，却又放下了。

真正的朋友，不就是这样吗？想起来了，打个电话见个面，难道一定要有什么事吗？简单如孩子所说"下次来我家玩"，也不管南昌和广州相距多么遥远。

人和人之间交往，在于心的交流。一个眼神，一次微笑，一个问号，一个可以在一起发呆的下午，一个有事无事都不联系突然联系也只是因为想见一面的人……莫不是简洁有力的，简单明了的。

（陈志宏）

埋头做事　水到渠成

　　当了三年秘书之后，领导给我提了职，任办公室副主任，我得知这一消息后，曾有过瞬间的喜悦，但很快又恢复了心灵的平静。这绝不是故作姿态，也不是看不起这个副科。事实上，我曾急切地期望提职，也曾因没有提职而抱怨。假如提职发生在两年前，我定会欣喜若狂，可现在却只有许多值得回味的感慨。

　　我刚参加工作时，单位的中层干部还很少。三年后，新任领导根据单位发展壮大的需要，提拔了一批年轻干部，大学本科毕业的我，却不在此之列。我抱着怀才不遇的愤恨日夜攻读法律，一年后我以优异成绩通过了律师资格考试，这使我得到了暂时的心理安慰，增强了我向领导要"位置"的信心。当我试探性地向领导表达我的心意时，领导愉快地答应调我到机关当秘书。

　　我做秘书后，有人告诉我：领导在此之前已经开始注意到你了，特别是对你在几次职工会议上的发言留下了较深的印象，希望今后做事要成熟老练一些，办事要让人放心。岗位的调整，领导的赞誉，使我产生了踌躇满志的感觉，工作热情高涨，却很少想到自己的弱点与不足，于是有些得意忘形，傲气在不知不觉中滋长起来。由于年轻气盛，又缺乏认真仔细的工作作风，我在工作中不断出现了一些摩擦和失误，有人曾向我善意地提醒，但我却怎么也听不进去，眼里只有自己的优势和成绩，认为自己为单位争了光，出了力，做出了贡献，领导应该赶快提拔我才对。然而，事与愿违，我开始抱怨命运的不公，并把这种情绪带到了工作之中，从而走入了认识上的误区。

在那以后半年多的时间里，我一直进行着激烈的思想斗争，心中充满了怨气，工作提不起精神，加之有的人常在我耳边说些风凉话，使我更觉悲观。对我的情绪变化，有着多年基层工作经验，阅历丰富心地善良的老主任看在眼里，急在心头。他一次次给我耐心地做思想工作。他说：你的本事大家承认，领导也承认，但有本事不能自己说，也不能只说不干，有本事还要讲究工作方式和策略。趾高气扬不对，垂头丧气也不可取，希望你珍惜和把握住自己，是真才还是假才，就看你是否能经受住考验。他还说：在个人前途问题上，一定要有正确的名利观，克服知识分子的虚荣心。如果走不出被名利束缚的误区，你将永远感到命运的不公，永远也难实现自己的理想。另一位一直关注着我成长的政工科长也多次开导我说：领导提拔干部自有领导的原则和考虑，先提拔不一定就有发展前途，暂时没提拔也不一定就是领导不重视，青年人要把眼光放长远一点，不要争一时的得失，谁笑到最后，谁才笑得最好。他要我记住毛主席的话：牢骚太盛防肠断，风物长宜放眼量。在我与领导的接触中，有时领导也真诚地提醒我：青年人首先要确立做人的原则，坦诚待人，谦虚谨慎，不骄不躁，使自己不断地成熟起来，想多干事这是好事，有工作热情也应该鼓励，但是要注意处理好人际关系，尊重他人，向他人学习，要靠实干去超过别人。

在领导的开导和帮助下，我开始反思自己的工作。说句真心话，我并不是一开始就抛弃了自己狭隘的名利观，思想上斗争一直比较激烈，但理智最终战胜了我的悲观情绪，我逐步认识到：职务是争不来的，带情绪工作只能把工作搞得更糟，并且还会丧失提高工作能力的机会。我开始把自己的注意力转移到了工作上面，以工作上争第一为目标要求自己。心中的疙瘩慢慢地解开了，我不再有怀才不遇的愤慨，也不再因为别人的提升而感到失落。随着时间的推移，我越干越起劲，越干越顺畅，不但没有因为领导不提拔我而感到遗憾，反而对领导给予我当秘书的机会从心里感激。正因为在秘书的岗位上，我才有机会了解上级文件精神，学习领导的工作谋略，接触各类社会人士，丰富自己的社会经验。我渐渐忘记了没有提职带来的困惑，胸怀变得坦荡起来，文字功夫大有长进，综合协调及驾驭难题的能力显著增强，考虑问题也比以往成熟了许多。两年来，我起草的重要公文多次受到领导的称赞，编辑的信息不断被上级机关采用，撰写的宣传稿件连连在报刊发表，终于从工作中找到了拓展事业的乐趣。此时我才觉得，其实提不提职对我并不重要，因为我提高了工作能力，而这种能力是属于我自身的，也是我为社会做贡献的基础。

当领导找我谈话时，除了对我在思想、文字等方面的成绩给予赞扬外，还对许多具体的工作细节进行了分析，并给予了中肯的评价，我印象最深的是，领导说我在处理一次大规模基建纠纷时，表现得大胆而且在紧急关头能拿主意，这使她彻底改变了对我的看法，并有意识地把我从一名纯秘书型干部朝管理型干部培养。我为领导如此仔细地观察感到惊讶，我想起了办公室主任曾经对我说的话：领导时刻都在关注着我们，我们的一举一动都在领导眼里，但领导绝不会说：注意了，我在观察你。是的，我们在领导心中的印象不是偶然形成的，也许你并没有留意，而你的一言一行却时刻影响着领导对你的看法。要在领导心中留下好的印象，靠投机取巧是不行的，必须始终如一地埋头苦干，如果做了一点事就想要得到回报，或者工作只做给领导看，只做表面文章，急功近利，早晚有露出马脚的那一天，那样只能会得不偿失。

行动是思想意识的体现，没有正确的价值观和人生观作基础，行动很难做到始终如一，特别是在遇到利害冲突的时候，现在想来，假如领导当初为了照顾面子，给我提升职务的话，我想我很难在思想和工作上取得今天这样的进步；如果我因为没有提职而耿耿于怀，带着情绪消极怠工，我将白白浪费青春，留下终生的遗憾，因为虚荣心的满足，并不能促进自己的成长，只能使自己丧失培养能力的机遇。

青年人追求进步无可非议，但是对进步的追求必须建立在正确的名利观上，只有正确对待名和利，才不至于为名而工作，为利而效力，面对别人的提升，才能坦然相待，真心祝福。所以青年人特别需要埋头苦干的精神，只有真诚的付出，才能赢得领导的信任，才能把自己的潜能全面地发挥出来，才能使自己成为社会的有用之才。俗话说：宝剑锋从磨砺出，梅花香自苦寒来，只有挺过了这些难关，从思想上战胜了自己，我们才能最终实现自己的人生价值。写到这里，我想起了明朝著名宰相张居正的故事：张居正从江陵老家到省府武昌参加考试时，本来取得了很好的成绩，主考官也发现张是一个难得的人才，为了看张居正是否经得起落榜的考验，主考官有意让张居正名落孙山。落榜的张居正没有因此而气馁，第二年参加考试时成绩名列第一，张居正也最终成为一代名臣。

（初人）

收藏快乐

一日，一个爱好收藏的朋友喜形于色、津津乐道地向我介绍起自己的丰富藏品。未了，问我收藏了什么珍品，我告诉他，我不收藏古玩，我收藏的是快乐。

"收藏快乐？"朋友一下子感到有点不可理解，"快乐是一种感觉，是一种意念，是精神的东西，稍纵即逝，怎么捕捉收藏？"我说："意念、感觉虽无法放入盒内，但可以存入大脑，平日里多想快乐不就是了嘛。"朋友悟性高，很快悟出意境，说："那你收藏了多少快乐？"我说："很多，有自己的，有朋友的，有书上看到的，有亲眼所见的，有过去的，有现在的。特别是自己的，更是珍惜收藏。"朋友似乎蛮有兴致地说道："快乐人人都有。自己有快乐，收藏起来，时常回味，是一件幸事，但收藏别人的快乐有什么意义？"我说："与人同乐，亦是一乐。比如你为你的收藏品欢喜快乐，我也为你的快乐而快乐。"朋友。又说："你既然收藏快乐，肯定也是个会制造快乐、享受快乐的人。"我说："我不为了自己得到快乐而刻意地去制造快乐，去装模作样地享受快乐，我只是把自己的心变成产生快乐的土壤。一个品德高尚、心地善良、欲望不高的人，很容易感受到快乐。每个人都有制造快乐、享受快乐的机会，比如，别人有困难时帮一把，这是助人之乐；追求美好理想的人，有成功之乐；节日里老少团聚，享受天伦之乐；还有听笑话、看美文的文娱之乐。总之，只要用心去感受、收藏，快乐就无处不有。"

朋友又以一个收藏家的心态说："收藏物品，可以随时间的推移而增值，而你收藏的快乐又怎么增值呢？如果收藏的东西不增值，又有什么收藏意义？"我说："收藏快乐的价值就在于享受快乐。享受快乐妙处无穷：它可以驱除心灵上的痛苦，让人感到生活的美好；它可以减轻肉体痛苦，令人健康；它可以让人感到轻松活泼而年轻。所以，快乐是人生的一大财富，它是无价的。"朋友很认真地说："如此说来，我也要收藏快乐了。"

（黄始兴）

处世首先要大度

当我们为自己有个好人缘儿而得意欣喜时，一方面要为自己的交际方法与技巧而骄傲，另一方面更要知道这首先是大度的功劳。

大度是一种心胸。大度能容，容世间万物，容宇宙苍穹。人活一世，时光如水，经历的世事何止万千，遭逢的人情怎堪人言？如果我们气量小、心胸窄，自是愁肠百结、郁愤难平，以至愤世嫉俗。如此下去不仅弄僵了人际关系，更是将自己折腾得人比黄花瘦，到头来不过是跟自己过不去。大度则是一种坦然的心态，是一种理解、体谅、认同、欣赏、悦纳的处世态度，境由心造，大度会使我们感到世间原是另一番天地，人间本来一片美好。有一个一向上进的青年突逢不幸、兀遇坎坷，歧视的眼光骤然落到这个自尊的青年身上，轻慢的态度涌向这个不屈的青年眼前，小伙子没有愤然回击，也没有伤心委屈，他坦然以对，失意不失志。待柳暗花明、时来运转时，小伙子早把那些世故之人做的龌龊事忘得一干二净，甩得无影无踪，而当初看扁他的那些人十分尴尬。

大度是一种风度。人有七情六欲，且爱憎分明。如果少情寡欲，纵有波澜万丈，我自木头一个，如此麻木迟钝，若不是窝囊废，便是马大哈。大度者是个明白人、精细者，他对是非曲直了然于胸，对恩怨荣辱一清二楚。他的高明处就是并不记恨结仇，也不锱铢必较、睚眦必报，更不秋后算账，恨恨地立下"大丈夫报仇，十年不晚"的毒誓，而是坦然以对，宽解他人，善待他人。在电闪雷击、雨打风吹面前心态依然，举止如旧，挥挥洒洒，从容自若，该怎样还怎样，该干吗还干吗。这是怎样的风姿，这是何等的神采。这种风度怎能不让人心折气服、感叹欣悦，不觉认同他、佩服他、赞美他；而他的人际关系怎能不润滑流畅起来。有位男士曾遭到一个邻居的诬陷诋毁，引起上上下下对他的误解，他受到了伤害，遭逢了坎坷，他能不明白自己目前处境的导因吗？但他坦然以对，一如既往地待人处世。待真相大白、是非澄清，他早已不计前嫌了。这是多么美妙的风度啊，能不让人心荡神驰吗？

大度是一种修养。大度人人仰慕、个个仿效，但却并不是说有就有、想要就到的。它是有着深厚底蕴的。装模作样，自失之肤浅，必为他人看穿，或者心里想着大度，面子上撑着大度，但却对毫发小事耿耿于怀，挪转不升。大度外在的是飘逸、潇洒，内在的是一种修养。修养外化为举止言谈的豁达、爽快，外在的美妙行为映示着内在的涵养人品。因此，大度显得格外蕴藉深沉，可敬可叹。这怎能不让人为其人格深感震动呢？有位中专老教师一向认真严谨，尽职尽责，却被学生罢了课。他们更喜爱"放羊"，老先生则要给他们加压。结果一群不懂事的娃子不干了。上级支持这位老师，把处理这批"坏学生"的权力给了他。但老先生宽宏大量，爱心依旧，执着如初。他的大度与修养，让这些有过错的孩子感佩不已。

大度是一种魅力。大度者胸如地大，心比天宽，与他相处，谁都用不着谨小慎微、顾三虑四，只管任由天性，顺其自然，伸展自己，敢作敢为。大度使心儿靠得更近，双方在信任诚意中你来我往，那么的顺畅、融洽、热烈。大度如一颗红日将人与人之间存有的阴霾天、冰雪地驱散了、溶解了，给我们一个暖洋洋的艳阳天。大度是一个高涵养好品行的雅士俊才的专利品。大度为他镀上一层熠熠光彩，魅力无限，分外迷人，自生一种无可拒绝的吸引力，让人们渴望与他交往，与他建立友谊。比如有位女士，整天面对的是杂冗麻烦的事务，受的气比别人多，遭的委屈难以尽数，但她大度以待，大伙儿在她面前绝不羞羞答答、遮三挡四，关系处得既融洽又热烈，更兼人们感佩她有着大丈夫般的胸襟和修养，不觉佩服她、尊重她。

交际中这方法好，那方法好，不如大度高；这技巧妙，那技巧妙，没有大度灵。谁不想有个好人缘儿呢？那就要让自己大度起来，使自己成为一个大度的人。只是要记着大度是一种胸襟和修养，它不是要我们做糊涂虫、马大哈，更不是让我们不要原则、一切大度处之。在大是大非面前，涉及立场和方向问题，自当拍案而起、拼力一争。这不仅与大度无碍，反而让大度更见分量。

（刘学柱）

我是一块坚硬的石头

在这样一个雨后初晴、云静风柔的傍晚，在这样一间简单、寂寥的屋子里，我在回想那天你我的争吵。可无论如何，我都无法承认是自己的错，虽然你也不承认错在你。

我知道现在你仍然怨恨我，像怨恨冬天的寒冷，可你是否记得寒冷的冬天我曾握住你的手。

面对这温柔而深沉的夕阳，我有些感动了，仿佛下过的雨已经把你错或是我错洗刷得干干净净，假如再有什么无谓的分辨，简直就辜负了这美好的时光。我为和你曾经发生过的不悦而忏悔，为自己的浮躁和肤浅深深遗憾。

不知你现在感觉如何，是否也和我一样有所省悟？

你应该知道，我是一块坚硬的石头，但我不拒绝温暖的阳光，弱不禁风的小草也可以在我的肩头哭泣。如果你是河流，如果我在水中，不是要把你阻挡，而是希望你在我身边流淌。

我是石头，我很朴素；我是石头，我很真诚。这正如我对我的爱，命中注定无法更改。

（叶华）

没 舍 得

　　李栓科在南极考察时，曾有一次违反科考队的规定，冒着生命危险跑出去看帝企鹅。

　　"南极的帝企鹅把石头作为定情物。求偶时，雌企鹅除了看中雄企鹅的相貌、个头之外，还要看它脚下的石块是否够大、够漂亮……"他讲得津津有味。

　　"那您没偷着拿回来一块儿?"对面的洪晃打趣地问。

　　"那没有，因为南极的石头真的是太少了。你别看南极有1400万平方公里的陆地，却很少能在冰面或是雪地上找到一块石头。即使有裸露的，那几厘米直径的小石块却像钻石一样稀少而珍贵，所以没舍得……"他这样解释着。

　　后来他又讲道：站在青藏高原上，你千万要对脚下的一棵小草留情，因为你一脚下去，对它将是毁灭性的……

　　有所不为，原来是一个人打心眼儿里生出的敬畏感，敬畏爱情的神圣也敬畏生命的脆弱，但归根结底还是对生命的一种尊重。

（兰精灵）

当作大海纳百川

　　这是我的一段亲身经历，相信大家在现实生活中，都会或多或少地遇到相似的事情，相同的时候。

　　曾经有一段时间，我在工作之余感到百无聊赖，于是，约了几个同在省城的校友，筹划办一个公司。经过反复考察论证，我们确定以大家集资入股的方式办一个图书批发公司。因为我们都有工作，就决定雇人管理公司的业务，我们几个股东可不定期地到公司看一看。

　　说干就干。我们几个校友开始分头跑手续，办执照，建网络，找书源，工作紧张而富有成效。经过不长时间的运作，公司就开业了，大家也很兴奋。因为我出资最多，校友们公推我为公司总经理，全面负责公司的一切业务；几位校友为经理，每个经理之间平等"利权"，也都各有各的销售网络和进书渠道。我感到了自己身上的压力，作为总经理，唯一的职责就是使每一个股东的投资都能生钱。因此，工作之余，我倾注了很大的精力。

　　公司开始运营之后，生意非常好，各位股东也都能配合默契，尽心尽力。时间不长，我们就获得了投资之后的"第一桶金"，我也对公司的未来充满了希望。但是，在公司经营了近一年的时候，几位校友之间产生了隔阂，并逐渐形成了矛盾。原因是，由于各位经理的进货渠道与销售网络不一，其销售的形势也差别很大，其中校友孙君因为各方面的原因，所进的图书大多经常滞销，积压了一部分资金，影响了大家的切身利益。有几位经理主张买下孙君的股份，将孙君从公司排除出去。作为总经理，我对此事的处理非常慎重。因为我知道，这不仅仅是排除一个人的问题，最根本的是一种利益冲突下的机制重建。对孙君来说，他可能有自己的原因，也可能有客观的原因；对几位经理来说，他们的切身利益受到影响，提出这样的设想也是可以理解的，但排除孙君的决定一旦作出，公司的业务无疑将会受到影响。况且，孙君并不一定就愿意卖掉自己的股份，几位经理之间排除孙君的坚决程度也不一致。我更担心的是，排除孙君后公司会形成一种令人心冷的气氛，那将是再糟糕不过的事。

那我该怎么办呢？

我决定就这个问题向母校的老师——一个颇有名望的管理专家请教，将事情的来龙去脉以及自己的想法和担心，通过电话告诉了教授。老师没有对我所说的问题发表什么意见，却告诉了我一个故事。

我决定留下孙君，并与孙君好好谈一谈。经过谈心我才了解到，孙君因为单位在搞机构改革，人员正在精简，所以在进书与销售上有些松懈。他还说，如果我们这个校友公司真的排除了他，那么，他将另组一个同类的公司，并将逐步把供书单位和客户拉到新公司去，与我们竞争。既然总经理诚心挽留他，对他又是宽容又是谅解，那他就只有加大精力，尽心尽力地把公司的业务办好的份了。

孙君同其他校友也在我的理喻下，尽释前嫌，逐渐配合得非常默契。不仅如此，公司上下还由此形成了一种空前的团结拼搏的精神，图书批发公司也一直红红火火地开到了今天。

我感到庆幸，我的决定避免了公司的一场无谓的竞争。

过后，我总在想，对我们每一个人来说，我们都生活在天堂与地狱之间，但你所生活的环境到底是天堂还是地狱，全由自己选择与决定，全在于你怎样看待和对待他人，全在于你有怎样的一个心胸。人世间除了十全十美的上帝，作为人谁会没有缺点呢？而要干大事，就要有大海包纳百川的胸怀和勇气，要用自己的智慧使百川变清，让江河蓄势，只有这样，团队才会有力量，集体才会有希望，未来的一切才会变成美丽的天堂。

我深切地体会到，要把你所在的环境变成令人欣羡的天堂，在更多的情况下，做人就要做大海，要像大海那样心胸宽阔纳百川。

（刘学艺）

品味简单

　　打工时，对逛商场情有独钟。当口袋中的血汗钱一次次化作身边堆放的大包小包时，蓦然发现，我是在靠物质的拥有来填补精神的空虚、维护内心的虚荣，那种拥有，实际上是一无所有。我为教科书中原本深奥的"物质与精神"在自己身上体现的如此清晰明了禁不住苦笑。

　　决意当兵时，一位事业上颇有建树的退伍兵用一席长谈为我壮行："最有资格造就不简单的，往往是最不起眼的简单。记得鲁迅先生说过这样一句炳照功利世界的话'人不能为生活所累'。生活中有太多的诱惑，我们很容易在眼花缭乱中迷失自己，在可望而不可即带来的深深叹息中消沉下去，并于不知不觉间踏上一条注定要一败涂地的不归路。"他燃起一颗与自己身份极不相称的香烟，继续着自己的见解，"年轻的心总会有太多的割舍不下，本应迅捷的脚步因此变得蹒跚、踉跄、疲惫不堪，很多时候，我们就是这样坚定不移地、缓缓地将自己打败。人固然不能脱离社会而独存，但也不应该以赶潮流为借口使自己欲壑难填，平添许多烦恼，以致失去内视、反省自己的时间、精力、机会和勇气。"

退伍兵的一番醍醐灌顶使我刻骨铭心。当兵后，我用敬业乃至虔诚的态度来对待看似枯燥简单的军人必修课，实践退伍兵的言外之意"人是需要点精神的"。茧花开了、蜡烛灭了、太阳红了，日子就在脚下的直线、床上的方块和战术场上的摸爬滚打中悄然逝去……收拾去军校报到的行李时，我吃惊地发现：肩上的背包和携行包中几套换洗的衣服、鞋子，涵盖并浓缩了我军旅生活的全部。

夜深人静时，我把自己的感悟托付给日记：简单，不仅仅是一种生活方式，更是一种心态在不经意间的流露。生活中固然离不开花团锦簇的点缀，但简单才是人生咏叹调的主旋律。当生活不允许我们与荣华富贵结缘时，长时间陷于焦虑、沮丧、悲观、失望不是明智之举，我们不妨树立品味简单的勇气，轻装上阵，去拥有一份不简单。

（刘晓东）

人活着，总得忙里偷点儿闲

　　去年10月，留学东京的宋君骑自行车在回家途中突然摔倒，抢救无效，客死他乡，享年45岁。她是到东京读法学博士学位的。已过不惑之年的女人，带着研究所的繁重课题，奔波在这个节奏奇快的现代都市，忙学业、忙课题、忙生计……一直忙到惨剧发生。

　　出国前她就有头疼的毛病，但没有及时去医院检查，除了工作，她几乎不愿意在其他任何方面投入时间。到东京之后，她的头疼病越来越厉害，但她还是拒绝去医院。死后才发现，她脑中长了一个瘤子，直接死因是瘤子压迫血管造成了脑出血，医生说她如果注意调节，避免过度紧张，瘤子不会发展这么快，若及时检查，可以早期治疗，但一切都晚了。

　　宋君之死深深触动了我。我第一次感到，"忙里偷闲"已经不再是调侃之语，分明已经成为现代人必须掌握的生存技巧。否则，真的很难对付越来越快的现代生活节奏。学会闲适、学会享受、学会忙里偷闲、学会合理分配时间，已经成为摆在我们面前的严峻课题。

　　我们不得不面对这样一个悖论：随着享受条件的不断完善，人们反而越来越不会享受了。现代生活的典型图示是：早出晚归，忙忙碌碌，上满了弦，不停地转，谁都不肯漏掉每一次晋升、发展、赚钱的机会。即使回到家也难得清闲，添置大件、装修房屋、带孩子去辅导班、购物……做完了一件又一件，永无止境。人们殚思竭虑地策划着如何装点生活，却很少安逸地享受生活；绞尽脑汁地开辟着生活空间，却遗忘了如何在这个空间中更好地感受生活。好不容易有些余暇，又被电视机占有了，我们通过电视攫取到很多信息，有些正是告诉我们应该怎样享受生活的，我们本想按照那些有益的忠告去做，遗憾的是已经没有时间了——新一天的忙碌又开始了。

日复一日，年复一年。就这样，我们辛辛苦苦创造了享受生活的条件，却在不经意间失去了享受生活的时间；我们得到或将得到所期待的一切——包括住宅、汽车与其他高档消费品——却渐渐远离了生活本身；我们成为财物的富翁，同时沦为时间的乞丐，我们哪里还像生活的主人，倒像是来也匆忙去也匆忙的过客，对生活连瞥都没有来得及瞥一眼，更不用说咂滋品味了。直到老同学聚会时，我们才慷慨地把时间划拨给自我，从容地大谈起生活，可惜那时所发出的多是"老矣，老矣"的感叹。至于闻听某某已经先走一步的消息，更要不由自主地引发"一花落而知春将尽"的可怕联想、惆怅，烟消云散后还是一无所有。既然如此，为什么不在创造生活条件的同时分出一部分时间好好享受一下生活呢？

人生的意义不在于占有什么，而在于不断地发现、体验与创造，并及时把这一切转化为幸福。归根结底人所渴望的是幸福而不是财物，诚如古谚所说——人望幸福树望春。

（王文元）

来自一场婚礼的温暖

　　2011年12月13日，在山东临沂市涑河北街与沂蒙路交会处的六合御庭小区内，热闹非凡，足有上千人在这里排起了长长的队伍。原来，他们是来参加一个他们也不认识的人的婚礼的，因为这场婚礼要给来参加的人免费发大白菜。这对于他们来说，可是头一回遇到，他们想看看新郎长的什么样，为什么别人婚礼送喜糖而他却送大白菜。

　　这位新郎名叫武星宇，是个英俊潇洒的80后小伙。那天，当他在电视上看到许多菜农今年白菜大丰收却卖不出去时，他很难过。因为从农村出来的他，知道这些白菜对菜农意味着什么，那是他们一年的收获啊。一年的辛苦眼看就要烂在地里，这对他们来说是多大的烦恼？自己能不能为他们做些什么呢？

　　武星宇想到了自己即将举行的婚礼。宴席上用白菜做一道特殊的菜肴？一桌宴席上一道菜对那么多卖不掉白菜的菜农有多大的意义呢？怎样才能更好地帮助他们，让更多的人用行动来关注菜农的白菜，让他们一年的辛苦有所收获？婚礼前夕，这些问题一直萦绕在他的脑海里。白菜……白菜……白菜不寓意着"白头到老，财运滚滚"吗？武星宇终于想到了一个好办法：别人婚礼送喜糖，他的婚礼免费送白菜。他要举办一个别出心裁的"白菜婚礼"，来帮助菜农。当他把这个想法告诉家人和准新娘段云娟后，更是得到了他们的一致支持。

有了家人的支持后，武星宇和段云娟来到田间地头，与苍山县菜农田玉奎签订了合同，他用高出市场价一倍多的价格向田玉奎收购了一万斤大白菜。白菜有了，怎样在婚礼上为大伙发放呢？武星宇利用微博在网上发出信息，立刻得到和他一样的80后网友们的支持，他们被武星宇的创意所感动，愿意尽自己的微薄之力帮他发放白菜。同时，武星宇还收到了一份意外之喜，一名在临沂工作的台湾同胞在得知武星宇的想法后，捐助了1万斤白菜。他说，他也想为临沂的菜农贡献一份绵薄之力，这1万斤白菜就是他为武星宇婚礼的"贺喜"。

婚礼结束，武星宇开始为路人发放白菜。苍山菜农拉着两万斤白菜早已等候在现场，白菜上的烂菜叶被扒掉了，田玉奎还特地准备了大红色的塑料袋。帮忙的网友们更是积极，他们中间有人早上6点便赶来了。白菜发放一直持续到下午1时。六名网友现场帮忙维持秩序，其他网友帮助分发白菜。当天，由于人手不够，很多排队领菜的市民也加入到了分发白菜的队伍中。

领菜的市民纷纷对武星宇竖起大拇指，恭喜发"菜"的祝福声不绝于耳。不少市民还在条幅前写下了对这对新人的祝福：一生平安、恭喜发"菜"。

面对媒体采访，武星宇说："田玉奎那里还有几百万斤的白菜滞销，他虽然非常感谢我能帮助他，但两万斤和几百万斤比起来还是杯水车薪。所以，我想用婚礼送白菜的形式，呼吁一下市民和商家能多采购些白菜。"

在这严寒的冬天里，这一场独具匠心的"白菜婚礼"，温暖着菜农和参加婚礼的每一个人的心，也温暖着我们这些知道了这场婚礼的每一个人的心。80后小伙武星宇和那些支持他、帮助他的80后网友们，他们是我们生活的这个社会的主力军，他们的爱心、责任感和由此产生的前无古人的创意行为，让我们温暖着、感动着，并对未来的生活充满了信心！

（雷春芝）

善待生命

人生漫长，会历经无数个昼夜；人生短暂，只有数十个年头。我们应善待生命，让人生焕发出异样光彩。

人的一生如同赶路。赶路的确辛苦，与日同行，伴月而眠。在这条路上，也许荆棘丛生，坎坷不平；也许会有暴风骤雨，霹雳冰雹；也许畅通无阻，满是风景。无论旅途是风餐露宿，还是顶风沐雨，抑或是赏心悦目，只要善待生命，就会拥有多彩的人生。

生命只有一次，何必拘泥于纷繁的现代社会。善待生命，让自己的心灵得到舒展。烦闷时，找一位知己，倾诉心事；忙碌中，找一点空闲，松弛疲惫；开心时，找一项爱好，放纵心情。

去和儿童共嬉戏，抛开世俗虚伪的面具，重温天真无邪的童趣；去和青年共同生活，打破社会定格的理念，体验全新的生活方式；去聆听老人讲述所见所闻，领悟生活的真谛，以免误入歧途。

在奔波中抽空享受生活。走出钢筋水泥的森林，去看田野、听鸟鸣，去拥抱大自然；放下烦琐的工作，去唱歌跳舞、析文赏画，去感受新生活；冲破那庸俗的思想，去观闲云野鹤、悟高山流水，去追求高品位。

用乐观的心态迎接生活，用良好的心境面对生活。善待生命，享受生活，我们短暂的人生才能充实有意义！

（李东）

谢谢你赠我空欢喜

在火车的过道上，我突然看到了一张熟悉的面孔。那张脸，熟悉得像看到自己的名字一样，许多年过去，还是很清晰。

微笑着喊他了，我已经不再是那个扎着马尾的羞怯胖女孩了。

然后那张清秀的脸朝向我，眼神中由疑惑到泛出有点儿惊喜的神采。他阳光得像王力宏的一张脸，似乎永远不会老似的。

"你变样了。漂亮到差点儿认不出你了。"他说。

中学同学，我记得和他在一个班的那一年的好多事。那是我最快乐的一年。他在我日记本上出现过，淡淡的。我记得他说过的话、做过的事，我们之间之隔着一条过道，一年位置都没有变过。

你有一件外套，棕色灯芯绒的，还记得吗？他摇摇头。

我考第一的时候，你不服气地捶了我的桌子？他依然摇头。

你曾经把我的试卷挖了一个洞，蒙在脸上，只露出眼睛，朝我做鬼脸？他露出很惊诧的表情：有这样的事？……

呵呵，我笑了笑，只是说，有些事我不知为什么记得很清楚。差点儿说出来：我对你有过好感。

当时我觉得他很帅气，很阳光，看见他的时候嘴角不自觉上扬，却故意转过身去。大声说笑要引起他的注意，却跟女伴说，很讨厌他。记得他外套的颜色与质地，因为看见他出去踢球时会把它放在座位上——而我曾经很想摸一摸它的质地，把它抱在怀里。

不知他对我是什么印象，我没有问。那只是一个人的故事。那时候，我太胖了。实在讨厌自己蠢笨的脸和臃肿的身材，不能穿裙子，因为左右大腿相摩擦会皮肤红肿发炎。故作开朗，可以跟大家打成一片的样子。喜欢他，只能偷偷地，隐瞒得仿佛自己都不知道。却执着于让自己完美的愿望，努力学习跟他争第一，对外表开始悄悄在意。念了好学校、有了好工作、有了男朋友，知道打扮了，也终于瘦了下来，那都是以后的事情。年少轻狂，幸福时光。

他突然想起点什么似的，有点儿惊惶地问道：那上中学时，我有没有欺负你啊？现在都不记得了。

你叫我"团团圆圆"。我笑着说道，已然毫不在意。曾经以为天大的事情，不过如斯般轻描淡写。

他说新交了女朋友，我很好奇他喜欢的会是什么样的女生，他却主动拿出照片——上面的女孩子白净纤弱，和我想象中的一样——我曾经努力想成为的那种女孩。

周围的人都已入眠，车厢内很安静。在火车上，两个人挨得很近，却不觉得不自然，那样的夜里，这种交谈，在另一种氛围下是无法进行的。

天亮了，到站了。走出车厢的一瞬间，我想，多年前的那个小女孩肯定想不到会有这样一天，和曾经喜欢的人坐在一起聊年少的心情和经历。虽然你有你的我有我的方向，我们的青春与彼此无关。原来所有人，都没有那么高不可攀。

　　谢谢你，赠我空欢喜。

（雅惠）

乱红飞过秋千去

　　"人生到处知何似，应似飞鸿踏雪泥。泥上偶然留指爪，鸿飞那复计东西。"诗人的灵魂就像飞鸿，它不会眷恋自己留在泥上的指爪。它的唯一使命就是飞，自由自在地飞翔在美的国度里。

　　想起那个"质本洁来还洁去"的绛珠仙子。她想飞，飞离现实的苦海，飞到三生石畔的完美世界。她的心不属于淮扬的小巷，不属于金陵监察御史的那个幽深的宅院，更不属于那个风凄露冷的潇湘馆。她注定是遗世独立的精灵，有着无法融入世俗的超脱与骄傲。她是想飞的，却一直飞得很辛苦，付出了自己一生的光阴。

　　想起那个"好风凭借力，送我上青云"的蘅芜君。这个渴望将荣华富贵甚至是自己的婚姻作为飞升倚靠的女人，将自己的一生送给了仰望。她的循规蹈矩，她的圆滑处世，她对宝玉考取功名的强烈渴望，不过是依附了自己未来飞黄腾达的赌注。只是独守空房，红消香断又有谁怜？她埋葬了自己的青春，也掩埋了别人的幸福。她是想飞的，却一直飞得很孤独，黯淡了自己的本心，

　　想起李商隐的诗：嫦娥应悔偷灵药，碧海青天夜夜心。在他心

中，金碧辉煌的广寒宫不过是浮华一梦，比不上飞翔的自由。可是飞翔太晚，追求自由的心灵有太多的羁绊。凄凉宝剑篇，羁泊欲穷年。换作他人，早已被一生跌宕粉碎了倔强。然而，他没有。"庄生晓梦迷蝴蝶，望帝春心托杜鹃"，这是对人生多么深刻的解读。他距离我有几百年的岁月，时间在我们之间划起一道银河，然而在河的对岸，我却清楚地看到他飞翔的羽翼。

也许，在生命的最初，我们曾拥有翅膀。可为了融入无奈的现实，绝大多数人折断了翅膀，甚至，是在不知不觉中。

筱敏曾说：人的伟大，是因为生命中横亘着一条无法逾越的河，此岸是沉沦的现实和彻底的绝望，而彼岸是飞升的理想和触摸未来的强烈热情。没有桥，也不可能有桥。然而，人终其一生试图要架一座桥。他们挽住生命的两极，接受命运的击打，承受身心的分裂。

此岸和彼岸的时空距离，其实只是心中的妄念罢了。只有当妄念和欲望进入时，时间的空隙才出现。如果认清了这一点，此岸即是彼岸。世间万物都是生存链条上的一环，底层有底层的烦恼，高端有高端的悲凉。最终遗世独立的圣贤少之又少，芸芸众生还是活在充满俗欲的世界里，或是津津乐道，或是欲罢不能。或许我们常常想"飞"，是因为我们深切地明白我们被现实折断了翅膀，无法飞翔。因此只有通过念想，去趟过那摆渡着岁月的河流。

在命运的网中，我们都是想飞的蝴蝶。

华兹华斯说：最微小的花朵对于我，都能激起非泪水所能表现的深思。我曾一度惊叹这种至高纯美的境界。拥有怎样的勇气和智慧，我们才能在生命的"出"与"入"之间达到一种动态的平衡？在内心深处，将念想化为飞翔的动力。从而不卑微任何一种渺小，不仰仗任何一种伟大，在心里长存一只猛虎在细嗅蔷薇，相信历经沧海桑田，终得返璞归真。

（刘悦）

改造第二张名片

有个朋友去相亲，回来对媒婆说："算了吧，我没看上。"

媒婆百思不得其解，问："怎么可能没看上呢？那男孩子要长相有长相，要家产有家产，要学历有学历，要能力也有能力呀。"

女孩说："他说话的声音太难听了，我才听一会儿就受不了了，这要听一辈子，怎么得了？"

这样说来也许有些夸张，不过这女生就是我的朋友，所以我保证我说的是事实。有的时候，我们自以为包装得天衣无缝，无论从哪个方面看都是优秀者，殊不知你一出声，缺点也就暴露了。

我做过三个月的电话销售，那段日子着实令我难忘，我们不需要展示外貌给对方，也不需要寄产品给对方，凭的就是声音。第三个月末我准备离开的时候，业绩已经超出整个部门的总和。

后来，老同事相聚，慧慧对我说："你以前打电话的录音，现在成了我们的学习带。"

"啊？"我十分吃惊。

慧慧："平常说话不怎么觉得，可你在电话里的声音特别甜美，特别悦耳呢!"

我心里一颤,是啊,每次打电话,我都尽量调出最好的音调、音色,随客户那端说话的语速时快时慢,总是想方设法令我的声音带着愉悦,带着轻松,以此来影响客户,调动客户,感染他们的情绪。

其实不论是做业务,还是在社交场合,声音就是你的第二张名片,甜美的嗓音一定能够为你加分不少,使你充满感染力,增添你的气质。只有当你开口说话,他人才能确定对你的真正印象。动听的声音让人迷醉,配以大家熟悉的语句和丰富的词语,使内容多姿多彩、扣人心弦,能让听者欲罢不能。

那么,我们该如何改造我们的第二张名片,令声音悦耳动听、沁人心脾呢?

录下自己的发音。你可以将日常生活中你的发音录下来,反复听,与你想要达到的声音对比,找到自身的缺点,有针对性地来进行修正。当我第一次录下自己的声音给朋友做生日礼物的时候,着实把自己吓了一跳,一直以为自己有一副好嗓子,可听到录音才知道与想象中的声音差远了。后来,我有针对性地又录了几次,才敢将磁带寄出去给朋友,朋友收到后大赞那是他这辈子听到的最动听的声音了。

练习超快速朗读。你可以听听李阳的疯狂英语,那个语速就差不多了。连续不断,一口气说出尽量多的句子,一方面可以增强你阅读的速度，另一方面也可以锻炼你的发音，何乐而不为呢？

进行绕口令练习，强化读音。这也是纠正家乡音和不标准的普通话的最佳方式。可以多听听相声演员的台词，然后试着去模仿，去练习。

跟读练习。你想拥有像谁一样的嗓音，你就可以模仿他来发音咬字，慢慢地，你就具备了自己想要的那种神韵了。

记住，不要在乎你原来的嗓音是什么样的，通过练习都能使嗓音体现出魅力、气质与个性，让坐在最后一排的听众也能进入你声音的磁场。用你的毅力去坚持练习，你得到的回报将是丰厚的。纠正嗓音可不是一朝一夕的事，既然下定决心改造好第二张名片，你就要坚持到最后。

（刘文献）

陌生人的好意

断弦的小提琴

"音乐就是我的福音。"苏姗·加农·哈斯,一位61岁的离婚妇女,眼中充满了令人惊异的柔情。多年来,她一直为纽约州汉堡地区教堂的唱诗班拉小提琴。"我曾经换过三次工作,总是独来独往,而小提琴成了我唯一的安慰。"

一天,在演出间歇,哈斯将小提琴像往常一样靠墙放着。不料,提琴却突然滑倒了。哈斯只能眼睁睁地看着陪伴了她半生的提琴像一颗脆弱的心一样,在地板上摔成两半。"我没有钱再买一把新的。"哈斯的泪水夺眶而出。几位乐师帮她把提琴重新粘上,但它再也不能发出以前那么美妙的声音了。

两年后,在一次周日弥撒的结束之时,一位教堂神甫递给了哈斯一个信封——里面装了一张200美元的乐器店购物券!哈斯惊奇地读着附在信封里面的一张便条:"谢谢您,这么多年来,用您的音乐感动了众人。"

哈斯想尽了办法，也没有查出这位赠券人是谁。她不仅买到了一把新的小提琴，还用余钱给3岁的小孙子买了一个小手鼓。在她用那把小提琴演奏时，她感到每一位观众都有可能是那位陌生的好心人，每一位观众脸上都带着善意的、如同福音般美好的微笑。

帮助"圣人"

娜欧蜜·戴维斯·威廉姆斯是底特律有名的"圣人"，她为无家可归的人开办了一个名为"牧羊人之家"的家庭式收留所。16年来，她为"牧羊人之家"耗尽了心力，四处筹集基金，接受人们的各种捐助。

然而去年年底的一天，收留所却出现了一个不寻常的陌生人。她手中捧着一个礼盒，对威廉姆斯说："这是给你的——我知道像你这样的人，是不会给自己买东西的。"

那位陌生妇女在电台里听到威廉姆斯谈起她的"牧羊人之家"，于是给她买了一件夹克、一个钱包、一顶帽子和一条裙子送过来。事实上，威廉姆斯确实已经数年没为自己买过新衣服了。她从那位素不相识的妇女手中接过礼盒，不禁热泪潸然："这种感觉太美好了，一切都那么完美无缺！"

爱心传递

55岁的波丽妮·摩尔被确诊为胰腺癌，医生说她大约还能活几个月。女儿波尔忧心如焚地看到，母亲完全被这一诊断压垮了，由一个充满了活力和爱心的女人变得意志消沉。波尔夫妇就住在母亲家的附近，他们不愿坐视自己深爱的母亲受到如此痛苦的折磨。"我想让母亲每天都有一个为之生存的希望，"波尔说，"我不能让她在没有意识到自己有多特别之前就离开人世。"

九月的一个夜晚，波尔突然有了一个好主意。她写信给当地的报纸，告诉人们她多爱她的母亲，并请求他们给母亲寄去祝福。在这封信登出的几个星期内，摩尔就收到了五百多封充满爱心和鼓励的信和贺卡，有人还送来了鲜花、宠物和药物。

波尔欣喜地发现母亲又恢复了以前的意志力。她的健康状况已经每况愈下了，但她每天都有两个时刻，打起精神在病床上守候着邮差的到来。

摩尔十月底去世了。那满篮子来自人们的祝福，已成为波尔家的珍藏。

暴风雪中的天使

在今年那场著名的费城暴风雪中，发生了很多故事。这只是其中一个小小的插曲。

暴风雪发生时，麦克唐纳夫妇正在费城的一部公共汽车里。狂风夹着暴雪以每小时50英里的速度呼啸而至，公共汽车挣扎了一会儿，终于气馁地停在暴风雪中。前前后后的车辆都被"定"在了街道上，整个街道看起来就像一个滑稽的停车场。但麦克唐纳夫妇知道这事一点也不滑稽，公共汽车里的司机和十多个乘客都面临着暴风雪中的种种危险。

麦克唐纳注意到街边一间住宅的门打开了（在这样的天气里!），一位妇女向公共汽车走过来。她礼貌地向他们作了自我介绍，并邀请他们使用她家里的盥洗室。做房地产经纪的麦克唐纳感到无比震惊。"要知道，车里都是黑人，而这是一个白人住宅区！我根本没有想到会有人来帮我们。"

半个小时之后，那位妇女跟她的丈夫一起过来了。他们端来了满盘的食物，包括一碗热气腾腾的、淋上了番茄汁的意大利粉。"这是我妈妈的手艺，"妇女笑道，"请你们尝尝吧。"

稍后，她又端来了咖啡。令麦克唐纳意想不到的是，她竟然细心地带来了加牛奶或加奶油两种选择。"我们每个人都被深深地感动了。如果不是她，那一天对我们来说不知道会有多惨！"

善良的椰子

当戴安娜·罗德里奇漫步在自己商店门口凋零不堪的花道上时，总会想：我要重新种植一些漂亮的花木，它们看起来太糟糕了。虽然她老是这么想，但老也没能去做这件事。一天早晨，她开了店门，不由怔住了：她看到了一个大种植箱，里面装满了盛开的水仙、郁金香和雏菊。

　　罗德里奇接着找到了一张便条："我们衷心希望你喜欢你的新花园。而我们还冒昧请求您为了别人好好照看您的花圃。"罗德里奇后来得知送给她这份礼物的是一位园艺师。

　　"我当然会种好这些花的！"罗德里奇宣布道，"从此，我也学到了别的更重要的东西。最近，一位女士到我的店里为她的四个孩子买衣服。我知道她没有足够的钱，但我把衣服卖给了她。"

（颜士州）

如何对待

　　余秋雨先生在《山居笔记》中写过一篇名为《小人》的文章。在这篇文章中，余先生总结了小人的几大特征，并得出结论："小人不仅是个人道德品质的畸形，更是一种独特的心理方式和生态方式。"正如余秋雨先生说的那样，小人是很难定义的。"他们是一团驱之不散又不见痕迹的腐蚀之气，他们是一堆飘忽不定的声音和眉眼。"小人似乎是这样的一个群体，他们看不见、摸不着，恍恍惚惚，影影绰绰。从外貌上看，小人并没有明显的特征，小人之"小"主要隐在内心，隐在行为暗处的深藏不露，隐在内心波涛万丈，脸上却是风平浪静。小人既阴且险，阴在外表，险在内心。小人心理复杂，行为诡秘。由于小人"小"，他们往往引不起人们的重视。但是小人的杀伤力却是巨大的，他们造成的危害也是深远的。古今中外，有多少能臣武将、先贤圣哲，都惨死在小人的手里。

　　现实中的小人往往没有多大实际本领，甚至还有着许多无法克服的先天缺陷。从骨子里说，他们是自卑的。正是因为自卑，他们才心生妒忌，见不得别人好。小人使奸耍滑，工于心计。小人不管处在什么位置，都是无心专事于某项工作的，相反，他们整天琢磨人，算计人。或许你的能力比他们强，或许你的工作业绩比他们大，或许你在某个方面有明显优势……在他们看来，这些都可能对他们造成威胁，尽管你与他们并没有任何矛盾。你在专心工作的时候，小人的眼睛已盯上了你，并且是在暗处，你全然不知，始料不及，甚至不知道他们什么时候会突然蹿出来暗算你。小人有两大特征：一是害怕阳光，二是见不得美好。小人的"小"根源于灵魂的肮脏龌龊，根源于行为的卑鄙无耻。总之，产生小人的原因在于人性中与生俱来的那种自卑。

说起小人，人们往往会表现出一种无奈。即使是诸葛亮这样的先哲，对小人也没有什么良方，他对君主的进言无非也是："亲贤臣，远小人。"20世纪三四十年代，文学大师巴金先生也曾受到小人的谣言攻击，当时巴金先生的态度斩钉截铁："我唯一的态度就是不理！"现实生活中，不知有多少人栽在小人手里，又不知有多少人吃过小人的亏。

不知你发现了没有，君子历来是斗不过小人的。为什么呢？因为君子讲道义，小人讲势利；君子言行一致，小人阳奉阴违；君子追求和谐，小人存心捣乱；君子严责自己，小人暗算他人；君子总在明处，小人常在暗处；君子不记人过，小人与人交恶；君子唯理是求，小人拉帮结派；君子顾全大局，小人只顾己私；君子顾及脸面，小人不计影响；君子襟怀坦荡，小人鼠肚鸡肠；君子适可而止，小人揪住不放。一句话，君子谋事，小人谋人。

　　人行于世，无论你多么小心谨慎，难免还是会碰到小人。对待小人，我们最好先退、忍、让。小人是自卑的，可悲、可叹，既然如此，我们不妨让着小人。即使是回避不了，也不要和小人针锋相对。古人不是说过"怕小人不算无能"吗？必要的时候可适当降低自己或自污一下，以减少小人的仇恨和妒忌。

　　面对小人的种种卑劣行径，你要冷静，千万不要冲动，绝不能像蜜蜂那样，"把整个生命拼在对敌手的一蜇中"，更不能用小人的办法对待小人。对待一个自恃为美女的人，最好的办法就是对她视而不见，充耳不闻，不理不睬，这种做法同样也适用于小人。我以为对待小人的最好办法就是让小人来收拾小人。实在不行，那就让老天来惩罚小人吧，因为多行不义必自毙！

（史飞翔）

穿过雨巷

　　她走进教室的时候，我打量着眼前这个女子，一件T恤、一条牛仔裤、一个马尾辫，怎么看也不像重点高中里的语文老师。她开始自我介绍。下面的同学纷纷小声地议论着她，一致的看法是她很让人失望。因为是女子，之前她总被同学加了很高的期望，比如高挑的外形、甜美的嗓音。她说话时的姿态和语速，让人在那样闷热的天气里，更加打不起精神。

　　因为我语文实在是好，她开始关注我。我会在她值班的时候，和她痛诉内心的委屈和生活的不幸，哀叹自己为什么就会比别人经历更多的苦难。

　　有次她看到我作文里用到了张爱玲的例子，突然很兴奋地和我说："你也喜欢张爱玲吗？我这里有她写的歌词，哪天我复印一下给你。"我笑了一下："我不喜欢。我只知道，只知道她写过一本书叫……"她显得有些失望。莫非她的生命中也渴望拥有与张爱玲相似的爱情，而不惜拒绝很多的追求者。

　　她是北方人，却不远万里考到南方一所并不怎样的学校。也猜想过，是什么吸引着当时这个美丽、有文学素养的女子作那样的决定。是期待在一个江南的雨巷撑着油纸伞有美丽的邂逅、是向往自古繁华的钱塘的人文气息、是渴望于花月春江边赏落月遥情，还是憧憬小桥流水欺乃归舟的婉约？她说，她在念大学的时候还是很激进的青年。我想当初南下的她，一定是抱着很美好很远大的理想吧。只是当如今韶华不再，整日穿梭于车水马龙，虽置身江南水乡，但两点一线的生活却并不充满诗情画意，她又是否后悔当初那个懵懂的少女的决定。

上课时说到人生的苦难，她说，未尝哭过长夜的人，不足以语人生。人渐渐地老去，会慢慢陷入一种平静的绝望。虽是借他人之酒浇心中之块垒，但她的傲气却丝毫不减。她悲哀地说自己像是套中人似的，整天过着很拘束的生活，甚至连停自行车的位置都要固定，不愿意别人停在自己的位置上。其实在世俗的我看来，那一切是再平凡不过的生活。对一个女子来说，做一个高中语文老师，整天本本分分地生活，有稳定的职业和收入，没什么不好。为何非得漂泊流浪，不顾周围的一切，放弃太多的拥有，一味地追逐自己年少时天真的梦想？可能此时的她已经陷入了那种平静的绝望，并且深刻地感觉到。只是她不愿意承认，因为是女子，她不甘心那个曾经天资尤物的自己就此这样平凡淡然。

我终于有点儿懂了，为什么那些文人会弃官归隐、会今朝有酒今朝醉、会愿意漂泊流浪。可能那是骨子里的一种东西，他们注定要先被赐予很多美好的东西，然后产生一种清高甚至孤傲的感觉。当时光荏苒，风流总被雨打风吹去，他们被迫接受了生命的安排，过上与自己原先理想可能截然相反的生活。可是文人的傲气使他们不安于在这样的生活中度过余生，于是他们会放弃原先甚至是功成名就的生活，放逐内心自由的思想。

而她，却更进一步拥有了女性思想的细腻和风月递嬗在心中留下的波澜。她在"出"和"入"之间，总显得手足无措。她一定还惦记着年轻时的自己，那个时候美貌、才情、理想、信念，偏心地被自己占有。只是，她可能不知道，有的时候，理想只是人念想的放逐。

（刘悦）

口袋里的秘密

　　偶尔看到一组照片，展示的是120位普通人的背包、裤子口袋、衣服口袋和钱包里的东西。这组照片被命名为"探密"——探求普通人的日常生活秘密。据说拍摄者的灵感源自他小时候的一次遭遇。在他13岁的时候，因为好奇，他偷偷打开了母亲的手提包，不料却被母亲当场捉住，但母亲并未严厉地指责他，而是说了这样一句话："女人的包比她们的身体还要私密。"

　　一张照片展示的，是一名皇室公司员工口袋里的东西：一部对讲机，一个微型手电筒，五只不同颜色和样式的笔（难道他像个明星一样，需要经常签名吗？）。此外，最醒目的是三串钥匙，其中的一串上挂着二十多把钥匙，另一串上更是密密麻麻串着几十把。神秘的皇室就像迷宫一样，被无数扇门和锁隔开，让我们无限遐想。不过，我最感兴趣的是第三串钥匙，只有三把小钥匙。我猜想，那是这名皇室公司员工自己的钥匙，也许一把是家门的，一把是皇室公司某个角落他的更衣柜的，那么还有一把，是干什么的呢？我琢磨不出。

一张照片上，摆满了各种各样的物品，手机、墨镜、小车模型，还有六七张花花绿绿的银行卡。有意思的是，在银行卡边上，却摆放了一排硬币，照片的标题也被命名为《一美元》。从照片里，我辨别不出这些物品的主人身份，但从他口袋里那么多的银行卡来看，一定是个成功人士。很多人不习惯在身上揣现钞，他为什么会在身上揣着这些乒乒乓乓的硬币呢？这真是一个谜。我想起我的一位朋友，每次出门，他身上必定会揣着几枚硬币，以为他是为了乘公交之用，后来才知道，他之所以总是揣一些硬币在身上，是为了方便给在大街上遇到的乞丐。他的善良，让我感动。

一张题为《男朋友》的照片，让我哑然失笑。这是一个男孩子的包，装的却基本都是女孩子用的东西：手机、眼镜、钥匙、笔、餐巾纸、药片、口香糖、创可贴、梳子、计算器，还有一只女式钱包、一把遮阳伞、一只唇膏、一把梳子……你能够想象得出的东西，这个男孩的包里，几乎都有了。这是怎样一个男孩子呢？如此细心，如此周到。如果说他的包里还有什么秘密的话，那就是他对女朋友的爱。

一张张翻下去，这些照片展示的，都是和你我一样的普通人生活的某个侧面。很多照片，让人看了不禁莞尔。是的，它太生活化了。忽然好奇地想，你的口袋里、钱包里、公文包里、旅行包里，都装着些什么呢？

钥匙、手机、钱包、家人的相片、笔……这是很多人口袋里常揣的东西，那是我们通往家和亲情的通道。此外，各人口袋里的东西，会有所不同。我认识一位女性，她的口袋里，总是揣着整包的餐巾纸。她是幼儿园老师，看见孩子流涕了，就会掏出餐巾纸，帮他们擦干净。即使在大街上，看见一个陌生的孩子流涕、流泪，她也会习惯性地帮他们擦擦。我一个朋友的孩子，已经读大学了，他的口袋里总是揣着各种各样快餐店的优惠券、折扣券、抵价券。小时候，他家门口有家肯德基店，经常会印发一些优惠券，使他养成了搜集各种优惠券的习惯。

口袋里的东西，都会打上你生活的烙印。我认识一位医生，他的口袋里，总是揣着一盒速效救心丸。我以为他心脏不好，揣这个药是以备不测。后来才知道，这盒速效救心丸并非为他自己准备的。有一次，他在大街上遇到一个人心脏病突发，虽然他是医生，及时帮助他复苏，但还是没能挽救那个人的生命。他说，其实当时只要有一粒速效救心丸，就能帮助病人渡过难关。可惜病人自己身上没有，周围的人也没有带。眼睁睁地看着一个鲜活的生命，就这样在自己的怀中离去，他痛心疾首。从此，他的口袋里就多了一盒速效救心丸。

家门的钥匙、亲人的相片、与施舍他人的硬币、帮助病人的救心丸，一样值得我们尊重。你的口袋里，会有怎样的秘密？我好奇，并尊重它们。

（孙道荣）

暖 胃 米

母亲用自己的肩膀，把我们一个个挑出了大山，送往了城市。儿女们如出窝的鸟，扑棱棱飞向远方，母亲高兴，却也把母亲的爱与思念扯得更远，扯得四分五裂。远飞的儿女，一年到头不着家，跟母亲唯一的联系就是电话。

前段时间我犯了胃病，心灰意懒，好久不给母亲打电话。母亲翻出电话本儿，竟然查到了我的电话。打过来，问我怎么回事。不想让母亲担心的，可听到她的声音，喉咙还是有些紧了。说，胃病又犯了。母亲只"哦"了一声，说胃病不是什么大毛病，好好养着就行。母亲又说有胃病的人煮小米粥喝就能把它养好。

其实，我也知道。可在我身处的这个都市里，我竟然从来没买到过一次上好的小米。买回家的，要么是陈米，煮出来清汤寡水，没有半点小米味儿，要么，就是添加各种添加剂的，煮好了，那颜色鲜艳得让人不敢喝。

"家里有好小米，我给你寄点儿去。"母亲一向是个啰唆的人，可那天，她匆匆地挂掉了电话。

再接母亲的电话，是那天晚上，她在电话里喜滋滋地告诉我，三十斤小米已经给我寄出来了。我握着电话听筒，吃惊得半天没说出话来。不过半天的工夫，我不知道母亲是如何来完成那一系列事情的。

母亲絮絮叨叨地告诉我："放了你电话我就出去给你买小米了，到黄仁东边的杏山村买的，那里产的小米最好。买回来就装包，给你包了好几层。就是写地址把我跟你爸为难了一下，村子里能写会算的年轻人都跑到外面打工去了，我跟你爸憋了大半天，还真把你的地址给'画'上了，不会写，照葫芦画瓢还会。"母亲边说边在电话里笑，很有几分小得意。我也陪着母亲笑，眼睛却莫名地发热了。

从家到黄仁村，再到她说的杏山村，算起来不下十几里路。母亲不会骑自行车，她一定是用步子丈量着去的。在那条弯弯曲曲的山路上，年过半百的母亲，背着给女儿买的三十斤小米。她一定不觉得累吧。可还有从家到镇上邮局那二十里路呢，母亲也是那样子背着去的吗？一定是的。从镇上到村里，每天只有早晨的一趟班车，她中午赶着出发，哪来的车坐呀。

母亲做这一切，风风火火，只用了大半天的时间。大半天的时间里，那一袋满载着母爱的家乡小米已经在飞往远方女儿的路上了。

一周以后，它安然无恙地抵达我的手上。一只彩色的蛇皮袋，里面又包裹了层层塑料袋，塑料袋里装着黄灿灿的小米。地址写在一块两尺见方的白色棉布上，字写得很大，确切地说，是画得很大，每一个字每一笔都描画过数次的样子，粗陋、笨拙，仿佛母亲布满青筋的手。

目光轻轻落在那些母亲一笔一笔画上去的字上，眼泪再也忍不住。母亲不识字，小学只读了三天，连自己的名字都不会写。我们读书之后，母亲让我们教她写字，我们每一个人的名字她都会认会写了，唯独到她自己的，她写不下来。她说，写它做什么，又没用。是啊，母亲的名字，一生能用到几回？她只把儿女们的名字会写就好了。

（梅寒）

美丽真情

　　25年前，孟庆影嫁到了河北省泊头市洼里王镇的北马庄村。两年后，公公去世。为了更好地照顾婆婆，孟庆影搬到了婆婆的住处。这一住，就住到了今天。

　　孟庆影的孩子还小，要自己带；地里的100多棵梨树，要自己管；一日三餐，要先问婆婆的口味再做；而且，婆婆从里到外的衣服，她也从来都准备得齐齐全全。即便她这样精心地照顾着老人，老人却依旧爱"挑事"。农闲时，婆婆从不允许孟庆影外出，必须待在家里陪着她。面对婆婆的"严格要求"，孟庆影不急不恼，乐呵呵地陪着她。她说，婆婆一个人在家会觉得孤独，而且，她没有理由不心疼这个操劳了一辈子的老人。

　　那天早晨醒来，孟庆影看到婆婆脸上青一块紫一块的，追问之下才知道，婆婆有"发癔症"的毛病，晚上从炕上摔了下来。孟庆影没说话，但是第二天，她就把自己的被褥搬到了婆婆炕上。她要和婆婆一起睡，而且，这一睡就是23年。

　　23年里，她每天坚持给婆婆用热水泡脚，把婆婆裹过的小脚一点点地清理干净。开始的时候，很多人都不相信，说，现在亲女儿都很少给父母泡脚，你一个儿媳妇，能天天给婆婆洗？孟庆影倒是很坦然，说，哪个不是给自己的孩子洗过脚的？在她心里，也许这年迈的婆婆就是他的"闺女"，她要像照顾女儿一样精心地照顾自己的婆婆。

有一天半夜，孟庆影睡得迷迷糊糊的，忽然觉得有什么在动自己的被子。她一怔，然后，她感觉到了，是婆婆的小脚。孟庆影没动，她知道婆婆可能是冷了。婆婆见孟庆影没有反应，沉寂了片刻，便又把两只胳膊伸进了她的被窝。就这么一点点的，最后，整个人都钻进了孟庆影的被子里。老人把脚搭在孟庆影的腿上，双手搂着她的脖子，像极了一个索爱的孩子。孟庆影哭笑不得，又疼又乐，她也没多想，便搂过婆婆的腰，让她贴在自己的身上取暖。婆婆在她的怀里，静静地睡去。

从此，只要是冷天，孟庆影的怀里保准有一个年迈的老人安然睡着。孟庆影刚过门的儿媳妇，曾问她，您天天搂着奶奶睡，就一个姿势，不累吗？孟庆影乐呵呵地说："累是累，只要你奶奶能睡好，怎么都行啊。你奶奶不容易，咱得尽孝心哪！"

于是，在孟庆影的言传身教下，俩儿子和媳妇对奶奶也非常孝顺，买零食、陪说话，成了他们孝敬老人必做的功课。而孟庆影她们妯娌之间也非常和睦，一有时间，就都过来陪着老人。

如今，87岁高龄的老太太在孟庆影的照顾下，依然精神矍铄。

"这样的好媳妇天下难找啊!"十里八村的乡亲们提起孟庆影都赞不绝口,把她当成了"活教材"来教育子女。孟庆影却不以为然:"都是应该做的,谁家没有老人啊?"

8000多个日日夜夜,在孟庆影的生活里平凡地走过。可是,她却没有想到,恰是这样的平凡,重新诠释了婆媳之间的美丽真情,铸就了一曲人间大爱的赞歌。

(谷煜)

"蜘蛛人"宣言：小人物也做大事情

2001年2月1日，合肥市30岁的市民韩奇志抢在外国人的前面，徒手攀上了中国第一、世界第三的上海金茂大厦顶层。一直默默无闻的韩奇志一时间成了众所周知的名人。

下岗工，"挺进"大上海

2001年2月3日韩奇志随张老板一起到上海开鞋店。自从1997年与妻子双双下岗以来，他一直想"做大男人""干大事情"，可时运不济，这回终于有了去上海显身手的机会了。到了上海以后，张老板在黄浦江畔租了一楼一底的小店面，上面住人，下面卖鞋。由于韩奇志为人诚实可靠，因此张老板将配货的任务还是交给他去做，小韩也仍然像在合肥做事一样。干得很卖力。

店铺刚开张，生意十分清淡，一天卖不了几双皮鞋。这情形与韩奇志来上海之前的那番雄心壮志相去太远。坐在店门口，望着黄浦江对岸高耸入云的88层金茂大厦，韩奇志常常陷入沉思。张老板明白，小韩又在想他的双胞胎了。尽管店里生意不好，但张老板不愿亏待小韩，2月15日那天，他从自己身上拿了1000元钱给韩奇志说："这是你的工资，快寄回去给孩子买奶粉吧。"小韩知道，店里开张以来，销售额还不到2000元钱，小韩接过钱，双眼一热，天底下难得有这样知冷知热的老板朋友。他暗暗下定决心，一定不能亏待张老板，有机会一定要好好报答他。

2月17日是韩奇志难忘的一天。上午配完货，他便坐在店里边等顾客边看报纸。正好有一篇报道说，法国攀楼奇人阿兰·罗伯特将要攀登上海金茂大厦，旁边还附了一张罗伯特斜视金茂大厦的照片。法国人那不屑一顾的神态使韩奇志很受刺激。小韩自幼爱好体育，特别是徒手攀登，11岁的时候就攀上省城一座正在建造的高楼。晚上躺在床上，他怎么也睡不着，一会儿大脑中出现了罗伯特站在金茂大厦顶上目空一切地大笑场面，一会儿又想起那天张老板情意深重地给自己"发工资"的情景，一会儿又想起家中可爱的双胞胎和贤惠美丽的妻子胡梅。临行前胡梅那"做大男人、到大地方、干大事情"的话老在耳边萦绕，挥之不去。就这样想来想去，到天亮的时候，他已打定主意：赶快行动!抢在法国人之前攀登金茂大厦，做一回惊人之举，为国为家为鞋店也为自己"三十而立"。他要告诉世人一个真理：小人物也可以做大事情!

一步步，攀登不容易

他知道要攀楼应该先向有关部门申请，但申请肯定很难通过，即使通过了，也一定落在法国人之后，看来只好"先斩后奏"。他体会到外来人在此创业的艰难，他不能授人以柄而给张老板和鞋店带来麻烦。想到这里，他郑重地写下了"我这个行动与别人无关"的条子，并将条子揣在身上，假如自己出事了或造成不好的影响，有了这张条子，便可以对所有的人都有一个无愧于人的交代。

吃过午饭，他对张老板说："我出去一下。"并与对方紧紧握了一下手。这个动作让张老板感到奇怪：小韩今天怎么了？告别之后，韩奇志特意到商店里花17元钱买了一包"大红鹰"香烟带在身上。过了黄浦江便到了金茂大厦。韩奇志没有急于行动，他在大厦下找了块僻静的地方坐下来，闭上眼睛整理着自己的思路，他想了两个方面的问题：如果自己从楼上掉下来摔死了，第一个哈哈大笑的也许就是罗伯特，接下来媒体可能会就此大做文章，上海记者也许说我是个英雄，也许把我当成疯子，不管出现哪种情况，肯定会有不少人从此知道中国有个"韩奇志"，想在外国人之前完成一项壮举。

下午3时18分，风和日丽，韩奇志开始了攀高的第一步。当时人们以为他是大厦擦洗玻璃幕墙的清洁工，因此对他的怪异行动并未注意。这座大厦的每一层都有装饰性的合金框子，宽10多厘米，但很薄，承受能力很弱，好在小韩只有110斤，如果再重一点，那天没准要出大新闻。在攀缘的过程中，他双手先抓住头上的合金框子，然后双脚用力一抬，寻找到最佳的着力点，有时双脚"撇"向左，有时则"捺"向右，一左一右之间，他在玻璃幕墙上留下了一个个巨大而无痕的"人"字。当双脚找不到着力点时，他便像引体向上那样，用力将自己的身体抬上去，这样做挺累，好在他平时锻炼中积累的体能足够供他消耗。一开始他爬得挺快，感觉轻松，随着高度的上升，他感到了挑战极限的不易。抬头向上，望到的是一片蓝天和平面的幕墙，向下一看，他看到了楼底下一群黑压压的围观人群，他们似乎在叫喊，但他听不见。不断升起的高度让他有一丝紧张，但他刻意暗示自己：别去想了，从420米和20米的地方摔下去的结果是一样的。

脚下的幕墙越来越长，而头顶的幕墙却似乎并没有缩短，感觉还在不断延伸，一直伸向高高的蓝天。这种感觉破坏了他的自信与成就感，而且这感觉老让他想起自己下岗以来所走过的艰难的谋生之路。

1997年上半年，韩奇志与同在合肥市糖烟酒公司工作的妻子胡梅双双下岗了。下岗之初，他们还像不懂事的少年那样没感到生存的压力，因为他们餐餐都到韩家父母那里去吃。有一天吃过晚饭，当工程师的爸爸意味深长地对小韩说："明天是星期天，你们到街上买一袋米回来。"爸爸拿出100元钱给韩奇志，当小韩准备伸手去接钱时，他看到爸爸的手抖了一下。这个动作让他明白了爸爸的全部用意：老人在暗示自己不能再靠父母了。

第二天，两人便上街去应聘。小胡找到了一家打字店，一天工作10小时，但月工资只有300元钱，小胡不干。小韩跑了好几家单位，最后空手而归。想来想去，两人觉得给别人打工不如给自己打工，在父母的建议下，他们决定办幼儿园。当年10月份，夫妻俩在合肥市一个居民区租了一处80多平方米的房子，借了一万多元钱，并请了一位老师，把幼儿园办起来了。为了招生，两人拿着打印好的广告单挨家挨户地敲门送去，为了提高效率，两人把送广告改成贴广告。谁知这些贴在楼道里的广告单却又被市容和环卫部门当作"牛皮癣"给撕了。就这样，一个月之内两人共发出3000多份广告单，最后来了8名学生。

为了吃饭问题，两人又租了一个铁皮棚，摆起了鲜花摊子。白天小韩忙进货，小胡则挺着大肚子守着花摊等候买主。第一天出摊的时候，由于小韩进货没经验，花的品种不齐，生意全被相邻的摊主抢走了。第二天到上午10时仍没开张，这时小韩的爸爸来了，对小胡说："给我拿一束花，送给你婆婆，我这辈子还从来没给她送过花呢。"胡梅递过鲜花，老人则掏出了钱。小胡坚决不收，老人说："孩子，这钱你一定要收，好歹这是第一笔生意呢，图个吉利。"想到老父亲的"捧场"，小两口心里酸酸的。经过一段时间的磨炼，两人开始"上路"了。到了1999年夏季他们的花摊生意正红的时候，市里却为迎国庆而大搞创建，铁皮棚和花摊被列为"创建"对象。一夜之间，铁皮棚被强行拆毁。卖了一年的鲜花，他们最大的收获就是那些没卖完的鲜花把他们的贫寒之家装点成了"花园"……

不知不觉中他已爬到了一半。这时他停下来做了三件事：先是将布满灰尘、有些打滑的那只手套扔了下去；接着又将羊毛衫脱去，手在空中划了一个弧形，羊毛衫飘飘而下，那些脖子仰得发酸的围观市民见了，还以为摔下来的是人，一阵惊呼从下面隐隐传来；最后，他掏出那包没有开封的大红鹰香烟，把它小心地放在幕墙的一个角落。韩奇志之所以将它放在中点位置，一是为了纪念，二是为了给自己一个暗示：我终于像大红鹰一样飞上来了。下面那些仰视的人群和不断传来的惊呼让他有一种快意。稍事休息之后，他开始了新的攀登。不久，出现了不大不小的险情：无意中他发现自己的右臂出现了几道血痕，由于用心过于专注，居然一点痛感都没有。此时手指头不知怎的，竟有些发飘，他暗暗吃了一惊，额头上顿时渗出了冷汗。虽然自己登楼前已将生死置之度外，但真摔下去可是自己想也不敢想的啊。为了调整自己，他停了下来。向下一看的时候，他发现楼下的观众只有甲壳虫那么大，他忽然感到人原来竟是如此渺小，若不站在高处，是谁也认识不到的。到达旋转餐厅时，他看到玻璃墙里面着红色工作服的餐厅小姐们带着惊诧的表情在拼命为他鼓掌，他只看到无数双手的张合，但听不到任何声音。这情景鼓励了他。这位汉子情不自禁地向小姐们打了一个"V"的手势，以示答谢。楼顶已近在咫尺，韩奇志的攀缘动作更快了。此时他已体会到了与登山不同的感觉：一个人登上山顶时，感觉自己是个神仙；而独自攀缘到人迹罕至的大厦高处，他觉得自己是个勇士。正兴奋的时候，他已登上楼顶，低头看表，已是4时30分。他很想醋畅淋漓地大吼一声："我成功了!"站在俯视众生的楼顶，他第一次发现自己就像妻子说的那样，真正是"做大男人、去大地方、做大事情了"。站在楼顶上，他第一次体验到了一种从来没有过的放松感，似乎下岗以来所受的委屈、艰难以及生活的压力与精神的压抑都在这一刻彻底释放掉了。让他没想到的是，此时这里已有10多个人在接应他，而且是穿警服的。他很平静也很绅士地配合着警察们的例行公事。

15天后当他走出警署时，发现自己竟被媒体炒成了"名人"。前来警署迎接他的有泣不成声的妻子胡梅，还有张老板等。出名后，韩奇志谢绝了众多"搞活动""拍广告"的邀请，又继续在鞋店当他的配货员。闲下来的时候，他便找来当地的报纸，仔细看了关于自己的报道，心里却有一种说不出的滋味。上海的记者们在明知他是合肥市民的情况下，还仍然称他是"一位安徽来的农民"，在世人眼里，他与飞越黄河的"英雄"柯受良不能算是一码事，他依旧是个"农民"——生活中最小的小人物，尽管是个"做了大事情"的"小人物"。这让他有点失落。不过当他在报上看到那位阿兰先生气得"发誓要用独臂攀越来与那位安徽农民较量"时，韩奇志心里却涌起一股浓浓的快意，他觉得："中国人在很多事情上是完全可以赶超世界先进水平的。"

（大江）

且慢夸"星"

爱因斯坦的自传中，有句话十分醒目："我唯一的愿望是，不要被人活埋。"

这是什么意思？

难道有人胆敢活埋爱因斯坦？显然不是。

难道医生把"活人"误诊为"死人"，导致了"活埋"的悲剧？显然也不是。

那么，这"活埋"指的是什么？

曾有人认为，这"活埋"指的是铺天盖地而来的华美桂冠，是连篇累牍的赞誉之词，而这"桂冠"这"赞誉"，是足以把一个人活埋的。

赞美能把人活埋了——此说的确有理。

不是吗？报上常可以看到这种廉价的赞颂：某人才唱了一首歌，便被吹捧为"新星"；某人才发表了一首诗，便被奉为"奇才"；某人才画了一幅画，便被誉为"大家"；某孩子只比别人多认了两个字，便被吹嘘为"神童"——不过，这些人究竟能不能成为真正的

"星"或"家"等，可就全要靠他自己的免疫能力了。

"免疫"一词，并非危言耸听，因为赞美听来的确让人美滋滋、甜蜜蜜，的确能让人乐悠悠、轻飘飘，于是美哉乐哉快哉之后，比赞美更重要的"奋斗""拼搏"，常常会被人忘在九霄云外，也正因为如此，才格外强调"免疫"。

记得鲁迅当年说过，对年轻人不可"骂杀"，更不可"捧杀"。我想，"骂"，因其横眉怒目容易觉察，故而不必大担忧；"捧"，则以甜言夺志，美意销魂，格外难察，故而格外当心才对。

既然如此，对于小有成就的人，奖励之后更须鞭策，切不可"捧杀"活埋。

爱因斯坦是真正的"巨星大家"，尚且对"活埋"做"壁垒森严"状，何况芸芸众生中的"未必斯坦"们？

既然如此，不妨说一句：且慢夸"星"！

（张玉庭）

赢得好人缘的八大诀窍

好人缘是一个人的巨大财富。有了它，事业上会顺利，生活上会如意。但它不会从天上掉下来，而是需要你的辛勤努力。

一、尊重别人

俗话说："种瓜得瓜，种豆得豆，"把这条朴素哲理运用到社会交往中，可以说，你处处尊重别人，得到的回报就是别人处处尊重你，尊重别人其实就是尊重你自己。

有这样一个有趣的故事：一个小孩不懂得见到大人要主动问好、对同伴要友好团结，也就是缺少礼貌意识。聪明的妈妈为了纠正他这个缺点，把他领到一个山谷中，对着周围的群山喊："你好，你好。"山谷回应："你好，你好。"妈妈又领着小孩喊："我爱你，我爱你。"不用说，山谷也喊道："我爱你，我爱你。"小孩惊奇地问妈妈这是为什么，妈妈告诉他："朝天空吐唾沫的人，唾沫也会落在他的脸上；尊敬别人的人，别人也会尊敬他。因此，不管是时常见面，还是远隔千里，都要处处尊敬别人。"

二、乐于助人

人是需要关怀和帮助的，尤其要十分珍惜在自己困境中得到的关怀和帮助，并把它看成是"雪中送炭"，视帮助者为真正的朋友、最好的朋友。

马克思在创立政治经济学时，正是他在经济上最贫困的时候，恩格斯经常慷慨解囊帮助他摆脱经济上的困境。对此，马克思十分感激。当《资本论》出版后，马克思写了一封信表示他的衷心谢意："这件事之所以成为可能，我只有归功于你！没有你对我的牺牲精神，我绝对不能完成那三卷的巨著。"两人友好相处，患难与共长达40年之久。列宁曾盛赞这两位革命导师的友谊"超过了一切古老的传说中最动人的友谊故事"。

帮助别人不一定是物质上的帮助，简单的举手之劳或关怀的话语，就能让别人产生久久的激动。如果你能做到帮助曾经伤害过自己的人，不但能显示出你的博大胸怀，而且还有助于"化敌为友"，为自己营造一个更为宽松的人际环境。

三、心存感激

生活中，人与人的关系最是微妙不过，对于别人的好意或帮助，如果你感受不到，或者冷漠处之，因此生出种种怨恨来则是可能的。经常想一想吧：你在工作中觉得轻松了，说不定有人在为你负重；你在享受生活赐予的甜蜜时，说不定有人在为你付出辛劳……生活在社会大群体里的你我，总会有人为你担心，替你着想。享受着感情雨露的人们不要做"马大哈"，常存一份感激之心，就会使人

际关系更加和谐。情感的纽带因为有了感激，才会更加坚韧；

友谊之树必须靠感激来滋养，才会枝繁叶茂。

王老师在自己就职的学校里很有人缘，威信颇高，有人问他原因时，王老师讲："古人说，'滴水之恩当以涌泉相报'，我虽做不到这一点，但我始终坚持'投之以桃，报之以李'，时时处处想着别人，感激别人。"王老师道出了为人的真谛。因为有了感激，你才会成为一个好同事、好朋友、好家长。

四、同频共振

俗语说："两人一般心，有钱堪买金；一人一般心，无钱堪买针。"声学中也有此规律，叫"同频共振"，就是指一处声波在遇到另一处频率相同的声波时，会发出更强的声波振荡，而遇到频率不同的声波则不然。人与人之间，如果能主动寻找共鸣点，使自己的"固有频率"与别人的"固有频率"相一致，就能够使人们之间增进友谊，结成朋友，发生"同频共振"。

共鸣点有哪些呢？比如说：别人的正确观点和行动、有益身心健康的兴趣爱好等，都可以成为你取得友谊的共鸣点、支撑点，为此，你应响应，你应沟通，以便取得协调一致。当别人飞黄腾达、一帆风顺时，你应为其欢呼，为其喜悦；当别人遇到困难、不幸时，你应把别人的困难、不幸当作你自己的困难和不幸……这些就是"同频共振"的应有之义。

在某学校里，秦红和苏仪是一对要好的朋友。她们经常穿相近的服装，经常一起去散步，经常一块去打球……可以说俩人形影不离，同吃同住，保持默契，相互支持；夸张地说，俩人是同甘共苦，"同频共振"。这些，不仅是两人为一对要好朋友的表象，而且也是两人成为要好朋友的原因。

五、真诚赞美

林肯说过："每个人都喜欢赞美。"赞美之所以得其殊遇，一在于其"美"字，表明被赞美者有卓然不凡的地方；二在于其"赞"字，表明赞美者友好、热情的待人态度。人类行为学家约翰·杜威也说："人类本质里最深远的驱策力就是希望具有重要性，希望被赞美。"因此，对于他人的成绩与进步，要肯定，要赞扬，要鼓励。当别人有值得褒奖之处，你应毫不吝啬地给予诚挚的赞许，以使得人们的交往变得和谐而温馨。

历史上，戴维和法拉第的合作是一个典范。虽然有一段时间，法拉第的突出成就引起戴维的嫉妒，但其二人的友谊仍被世人所称道。这份情缘的取得少不了法拉第对戴维的真诚赞美这个原因。法拉第未和戴维相识前，就给戴维写信："戴维先生，您的讲演真好，我简直听得入迷了，我热爱化学，我想拜您为师……"收到信后，戴维便约见了法拉第。后来，法拉第成了近代电磁学的奠基人，名满欧洲，他也总忘不了戴维，说："是他把我领进科学殿堂大门的！"可以说，赞美是友谊的源泉，是一种理想的黏合剂，它不但会把老相识、老朋友团结得更加紧密，而且可以把互不相识的人连在一起。

六、诙谐幽默

人人都喜欢和机智风趣、谈吐幽默的人交往，而不愿同动辄与人争吵，或者郁郁寡欢、言语乏味的人来往。幽默，可以说是一块磁铁，以此吸引着大家；也可以说是一种润滑剂，使烦恼变为欢畅，使痛苦变成愉快，将尴尬转为融洽。

美国作家马克·吐温机智幽默。有一次他去某小城，临行前别人告诉他，那里的蚊子特别厉害。到了那个小城，正当他在旅店登记房间时，一只蚊子正好在马克·吐温眼前盘旋，这使得职员不胜尴尬。马克·吐温却满不在乎地对职员说："贵地蚊子比传说不知聪明多少倍，它竟会预先看好我的房间号码，以便夜晚光顾、饱餐一顿。"大家听了不禁哈哈大笑。结果，这一夜马克·吐温睡得十分香甜。原来，旅馆全体职员一齐出动，驱赶蚊子，不让这位博得众人喜爱的作家被"聪明的蚊子"叮咬。幽默，不仅使马克·吐温拥有一群诚挚的朋友，而且也因此得到陌生人的"特别关照"。

七、大度宽容

人与人的频繁接触，难免会出现磕磕碰碰的现象。在这种情况下，学会大度和宽容，就会使你赢得一个绿色的人际环境。要知道，"人非圣贤，孰能无过"。因此，不要对别人的过错耿耿于怀、念念不忘。生活的路，因为有了大度和宽容，才会越走越宽，而思想狭隘，则会把自己逼进死胡同。

《三国演义》中，周瑜是个才华横溢、度量狭窄的英雄人物，而据史书记载，周瑜并不是小肚鸡肠，而是因为自己的大度宽容拥有一份好人缘。比如说，东吴老将程普原先与周瑜不和，关系很不好。周瑜不因程普对自己不友好，就以其人之道还治其人之身，而是不抱成见、宽容待之。日子长了，程普了解了周瑜的为人，深受感动，体会到和周瑜交往，"若饮醇醪自醉"——就像喝了甘醇美酒自醉一般。

八、诚恳道歉

有时候，一不小心，可能会碰碎别人心爱的花瓶；自己欠考虑，可能会误解别人的好意；自己一句无意的话，可能会大大伤害别人的心……如果你不小心得罪了别人，就应真诚地道歉。这样不仅可以弥补过失、化解矛盾，而且还能促进双方心理上的沟通，缓解彼此的关系。切不可把道歉当成耻辱，那样将有可能使你失去一位朋友。

当然，一个人要想保持良好的人际关系，最好尽量减少自己的过失。曾子讲：吾日三省吾身。一个人应不断检讨自己的过失、提高个人的修养才是。

（高兴宇）

凡事看得简单些

他生平最快乐的两件事情：拍电影和吃。他说：我的存折上面一般只有两三块钱，我不存钱，大部分钱都吃了，要是一天吃不好，心里老别扭了、老别扭对身体不好。

68岁时，他患上了糖尿病医生规定糖尿病病人吃东西要定量，可他根本不急自己的病，他急的是自己不能吃，为了吃，他威胁医生拒绝治疗，医生特许在不太影响血糖的情况下，吃一点儿红薯、玉米甚至蛋糕，他却有他自己的想法：老是吃萝卜青菜，我宁可少活几年，我吃了好吃的，吃好了我就心态好，心里舒服，我就能长寿：他并不遵照医生嘱咐，一直我行我素，想吃什么就吃什么、不管多忙，老人每周都会留出四个小时专门炖一次肘子，他认为好吃不过肘子，一吃肘子就特高兴，心情也愉快，不可思议的是，患病20多年来，老人始终健康快乐地生活着，并且好几年被评为全国健康老人。

他是八一电影制片厂导演，曾执导很多经典影片，在80多岁时还拍了100多集电视剧，91岁仍然创作电影剧本。

这位93岁的耄耋老者，满头白发，却像个孩子般活泼快乐，充满朝气，上楼梯不让人扶，虽然拄着拐棍儿，但拐棍儿只是他的摆设，根本用不上。家里的陈设很简单，而他的快乐也像这些陈设一样简单明了。他说，我比皇上好，他有9999间房子，他晚上睡的床跟我的一样大，睡觉以前我还可以喝杯浓茶看看电视，皇帝看得上电视吗？我比皇上还强。

他喜欢和朋友们说话。几乎每天，他都会和老朋友们聚一聚、聊一聊，对于他来说，生活在变，但快乐仿佛依旧。有一回记者采访他，近三个小时，老人始终侃侃而谈、毫无疲倦之意，问及原因，老人说，此亦为养生之道，乃每日必修之"话疗"也。

老人的一生，经过许多苦难，但就像他从不存钱一样，也从没把疾病和苦难存放在心上，熬过难关就有一种安然。他说，我内心有两句话，第一句话脸带微笑，不是假笑，我真是觉得挺好，生活过得不错，老婆孩子都在一块，生活也好，薪金也够花，房子也不错，第二句话叫意念青春，我很年轻，我身上没有事儿吃得好，睡得着，拉得出、不计较。

心态淡定的他知足常乐，出门时会摸摸小孩子的头，与老友谈笑风生，其乐融融，将生活变得很简单很纯粹，并从简单里得到了快乐和健康。

是的，生活原本很简单，想得太多，顾虑得太多，往往会让自己负担太重，活得太沉重，人生，快乐与苦痛往往同行，凡事看简单一些，随时丢弃苦痛的包袱，轻松、快乐自然会拥抱整个身心。

（翁秀美）

人生的境界

　　这是一座海内名山，山灵水秀，老总带着三名中层管理者来这里游玩，这三名下属都是老总的得力干将。行到山脚，老总笑呵呵地对他们说："你们比比谁的脚力快，记着，谁第一我可是有奖励的！"比就比吧，三个人朝着青石山道奋力攀登。

　　一个小时后，第一个人登上了山顶，发现老总已到山顶。老总抬起手腕看看表，欣慰地笑了："1小时15分，你的效率就是高哇！把你的数码相机给我看看。"

　　老总打开他的数码相机，里面空空如也，满山秀美的风景居然一幅都没有留下。老总语调深沉透着遗憾："可惜，你太执着了，这样容易急功近利啊！"言外之意，这么大的一个集团，若是交给你，我真有些不放心哪！"半个小时后，第二个人上来了。老总打开他的数码相机，只见里面静静地躺着二十几张风景照，全是这座山上的名胜，那拍摄的角度、光与影的配合还真不错。老总一展眉头，哈哈大笑："你懂得欣赏！"

　　又过了半个小时，第三个人姗姗来迟。老总打开他的相机一看，好家伙，一百多张照片，清晰华美，张张美轮美奂。老总拍拍他的肩膀，一声轻叹："你还是这么贪玩儿。"

一年后，老总退休了。第二个人被任命为总经理，第三个人被任命为集团里唯一的副总，第一个人原地不动。

（朱国勇）

哪一张脸是真实的

去看变脸大师表演，他的演技精妙绝伦。首先展示一张美女的脸：眉黛如山，眼波似水，倾城倾国。然而转瞬之间，青面獠牙，变成一副狰狞恐怖的魔鬼面孔。最后，丢下面具，现出魔术师绝无粉饰的脸。

这张脸就是真实的吗？

一定有慈眉善目似菩萨的时候，有勃然大怒似关公的时候，也一定有愁肠百结似苦瓜的时候。哪一张脸是起初的呢？

一位朋友曾给我讲个故事：丈夫对妻子百般恩爱，可谓照顾得无微不至。有一天夜半突然楼下起火，睡眠蒙眬中丈夫撒腿就跑，回头听见屋内妻声嘶力竭的救命声，才猛然想起妻的存在。

那一刹那间的面孔绝非妻所预料得到的，也绝非丈夫自己意念中的，但有一点可以肯定，那一刹那间的面目好比突然抖出的利刃，斩断了所有的情丝。应该感激这次失火，妻子探到丈夫心灵深处对妻爱的程度。

那一刹那丈夫最真实：心里只有自己，没有妻子。

如此，真心时的面孔最真实，无论是喜是怒是哀是乐；将真心掩盖的面孔最虚伪，无论是甜言是蜜语是否穿越岁月的长河。

辨认一张真面孔多么不易，如此，面对一张真面孔该万分珍惜啊！

（栖云）

侧 身

　　一个小胡同里，两辆小车相向而遇，胡同太窄，无法错车，其中的一辆车必须倒回路口，让另一辆车先通过，才能互相通行。好在胡同不长，倒回去并不难。可问题在于，谁倒回去？两辆车谁也不肯往回倒。一辆车的司机探出脑袋朝对方喊，你离路口近，你倒回去。对方也探出脑袋，大声说，我先开过来的，你明明看见我了，还往里开，应该你倒回去让我！僵持不下，谁也不肯往回倒，胡同就这样被堵了个严严实实。一个司机生气地说，我有的是时间，看谁耗得过谁！另一个司机愤怒地回敬，大不了请半天假，奉陪到底！两个人都将车熄了火，面对面地停着。一个司机坐在车里，打开音乐，闭目养神；另一个司机走下车，不停地打着电话。时间一分一秒地流逝，直到路人实在看不下去了，报警，警察赶到，强行将两辆车都挪开，胡同才恢复通行。这时，时间已经过去了一个多小时。无论哪辆车倒回去，都用不了一两分钟的时间，却因为互不相让，而耗费了一个多小时，且各自都憋了一肚子的气。这么简单的一笔账，很多人就是算不过来。

以前在农村，经常看到一条窄窄的田埂上，两个挑着重担的人相遇，他们通过的方法简单而绝妙。其中一个人会站住，侧身，将肩上的担子横过来，与田埂形成一个交叉角。另一个挑担子的人，走到他前方时，也会将身子侧过来，使肩上的担子与对方的担子保持平行，让担子的一头先过去，然后，一只脚从对方身边跨过，顺势将肩上的担子挪移到另一个肩膀。这样，两个人擦肩而过的时候，肩上的担子也顺利地交叉、通过。那么狭窄的田埂，两个各自挑着重担的人竟然能安然无恙地通过，秘诀很简单，就是都侧一侧身，给对方腾挪出一点空间。而在交会的时候，两个人还会气定神闲地打个招呼，问候一声。

侧个身，既是给对方留下空间，也是给自己留下余地。一个多么简单的人生道理，却总有人不明白，或者不愿意，结果造成势不两立，两败俱伤。

有家单位拟在内部提拔一名干部，最具竞争力的两个人，能力、水平、资力，都不相上下，谁上去都有可能。竞岗演说、民意测试，又是旗鼓相当。暗地里的角逐开始了。从拉关系、说情，到送礼、请客，两个人都使出了浑身解数。事情发展到最后，两个人甚至互相写匿名信，举报、攻讦、中伤对方，一时间弄得乌烟瘴气，久战不决。其实，在当初讨论提拔人选时，领导层就已经考虑到了两个人的综合实力，拟提拔一名，再将另一名安排到一个职位相当的重要部门任职。孰料事情会弄到这样不堪的一步，上级决定舍弃这两人，而从另一单位调任一名干部。至此，两人不但都没有获得升迁，还成了仇人，并在单位落下了非常恶劣的印象和笑柄。

人生就是一条路，这条路，难免狭窄逼仄，甚或坎坷艰难，但路是人走出来的，路也是大家共同的。别人都有路可走了，你也才能有路。有时候，为相遇的人侧侧身，甚至退后半步，就会豁然开朗，海阔天空。

侧身，既是给身体挪点余地，也是给自己的心腾出一点空间。这颗心唯有空灵一点，通透一点、大气一点，才能包容人世万物。

（孙道荣）

宽容，最美的德行

　　宽容是一种大智大美，但这种资质绝非与生俱来，而是需要你用一颗向善的心去修养、去阅历。

　　宽容并非生而来之，以孔子为例，即便他说过"三人行，必有我师"，也难免有狭隘之心。"以言取人，失之宰予；以貌取人，失之子羽。"孔子因为他的弟子子羽相貌丑陋，就认为他没什么出息。而宰予因为"昼寝"，就被孔子骂为不可雕的朽木。好在子羽并未因此而沉沦，却刻苦奋发成为一代名士；宰予也并没有因为师父的批评而改变自己的利言之态，最后成为孔门十哲之一。相比之下，孔子的反思和自省自是一派圣贤风范，而身为弟子的子羽和宰予的豁达胸襟更是令人赞叹，如果他们心胸狭窄，就会在意老师对自己的看法，就会心中不平，甚至对自己失去了信心，自暴自弃。但他们没有因为老师的批评甚至苛责而一味地纠结，而是把它当成进取的动力。子羽成名后还是尊孔子为宗师，教导他的学生学孔学、尊孔说。所谓仁者无敌，我想真正的仁者都应该具备这种宽容的德行，宽容成就了自己，也净化、提升了他人的品行。

宽容是一种大将风度，一种统率三军的气场。当年的诸葛亮，七擒七纵孟获，终以一颗宽容之心打动了他。他征服的何止一个孟获，而是那一方的民心，更是后人的仰慕之情与他自己的千古芳名。宽容是一种因爱而生的敬畏和责任。若真爱一个人，你就决不会在他离开你、背叛你时而心生嫉恨。这也许是最难做到的宽容吧？因为爱很多时候是自私的。楚王爱鸟，就把它关进笼子，虽锦衣玉食，终无法长久；牧羊少年爱鸟，把它放在心里敬畏，却让爱得到永生。宽容是一种善行，甚至是以德报怨。中国有一句古话："冤冤相报何时了"。山东威海退休女教师李建华以一颗宽容之心面对持刀的19岁歹徒时，以德报怨。她眷顾的不仅仅是一种善行，更是一个年轻的灵魂。正如她所说：这个孩子不仅仅是他父母的孩子，更是这个社会的孩子。不善于去宽容别人不仅是一个人的不幸，也是一个民族的悲哀。

李白在《与韩荆州书》中说："人非尧舜，谁能尽善。"所以要宽容地去看世间万物，不要一叶障目。向远处看，怀宽容心，人生到处是夏花秋果。只低头看自己脚下的人，会常怀不平之心，那样你的人生会处处荆棘挡路，泪水相伴。人各有志，不要以一己之心度他人之量，也不要以他人之才量自己之能。

狭隘是宽容的反义词，而狭隘又是嫉妒的同义语。人无完人，嫉妒可以异化成狭隘，也可以蜕变成宽容。就像对一株品格之树的修剪，这种品质不是天生的，多是后天自己去培养。是让它舒枝展叶傲指苍穹，还是畏畏缩缩一事无成，这就要看你自己是把它当成向上的动力还是向恶的魔力了。

只要心无杂念，爱我所爱，尘世的缤纷永远扰乱不了一个有品格的灵魂，腐朽不了一颗怀清幽之念的心灵。心如莲花，便可以自由地出世入世而不染纤尘。

（草乡香）

做人之道在躬行

做人之道，当然说的是做个善人之道，这还仅是从最基本标准讲的，若从高境界说，是要做个完人、真人。至于那些恣意行乐，纸醉金迷而又稀里糊涂，甘居下流恶境者，则不在此"道"之列。

"诸恶莫做，众善奉行"，之所以稚子能说得，老翁却不见得能行得，是因为人受私欲俗念的蒙蔽，一方面可能分不清哪是善，哪是恶，不知不觉中就做出了黑白颠倒、不善不洁之事。另一方面，虽然知道什么是善什么是恶，但往往抵挡不住或名或利或权或威的诱惑逼迫，或认为"小恶无损"，而弃善就恶，前功尽弃，甚至"一失足而成千古恨"。这样的事例在生活中不胜枚举。

要躬行做人之道，首要的是必须有自己明确而坚定的是非原则、正邪标准，以此来区分生活中什么是善的，什么是恶的。特别是处在拜金狂潮汹汹，价值取向多元甚至混乱的转型期，似是而非、以假乱真的东西尤其能蛊惑人、引诱人、毒害人，稍不留神就会误入圈套、歧途。

我热爱写作，近年来发表了一些小说、散文、随笔。去年秋天，部文联发来一封邀我去四川参加创作会议的信函。我当时异常兴奋。作为一名业余作者，能出席全国性创作会议可谓喜从天降。一想到能和许多文友见见面、谈谈心，就抑制不住内心的激动。同时，不消说，亦可借此游览一下九寨沟、青城山等令人心驰神往的名胜。领导看了信函，也为我高兴，不仅同意我去并要我坐飞机去。一切都安排得妥妥当当了。不过，面对这张"快乐船票"，我却心生苦涩，有个问题横亘心头：乘机赴蜀，这一趟至少要花费五六千元啊！我就悄悄地向别人打听：坐火车大约花多少钱？人说，两三千元左右。我想，要去，也应该坐火车去，无非自己辛苦一点。但继而又一想：职工已有半年没开工资了，我却拿着公款堂而皇之地游山玩水，这几千元能帮助多少困难家庭啊！这怎么叫人忍心？我经过一番激烈的思想斗争，最终向自己和领导及亲朋说出了一个很难说出的"不"字，取消了这次远游。

虽然我失去了与良师益友相聚以及坐飞机、游名胜的机会，但内心却感到了无限的快乐。

要抵挡形形色色、五花八门的诱惑，就必须有自己的正见、远见、定见，特别要注意从点滴小事上"养吾浩然之气"，培植自己的节操和意志，对一些是非昭然的问题敢于刚正不阿地说"是"或"不"，做到毫不含糊，斩钉截铁。

举个最简单的例子。我岳父退休后加入了玩扑克的队伍。一次他对我说：你在工会管发放娱乐品，抽空给我带一包扑克来玩。我答应下来。回矿后，当我挥笔签领扑克时，一种损公肥私的龌龊感猛然使我脸红心跳起来。

我为自己一时的糊涂而惭愧。我怎么在关键时候就不能自持了呢？我撕掉条子，跑到商店为岳父买了一包扑克送给他。我说：爸，这是我用自己的钱买的，您尽管快快乐乐地玩吧。从那，他却再也没有叫我拿扑克，而且渐渐离开了牌桌。孝，更需要真诚和高洁的精神啊！不洁不诚，怎么能谈得上孝？而这种精神又会产生巨大的辐射作用。

写这些生活琐事，不是为了自称自赞，自我炫耀，而是说，生活无小事，人生无小事，要想做个真正的好人，就必须脚踏实地时时谨行，处处慎独。古人曾强调"勿以恶小而为之"，谚云："今日偷韭，明日偷油，后日偷牛"，就是说如果不防微杜渐，小错必铸成大错。老子说："合抱之木，生于毫末；九层之台，起于垒土"，古往今来的大奸大恶其实都是从小诈小恶演化来的。

实践表明，做个好人，既不那么容易，也不是那么高不可攀。俗话说：难难难，易易易，不难不易。要说难，一片贪欲之云横眼前，就可能叫人钻入死胡同，直碰得头破血流甚至一命呜呼也闯不过去。关键看一个人有没有真诚的信念、坚强的决心、刚毅的意志和切实的躬行。孔子讲：好学近乎知，力行近乎仁。可见一个人即使学富五车、著作等身或宏论滔滔，口吐莲花，如不能躬行实践，也不能算是真学问。有朋友可能会问，在现实生活中你这样逆流而动，岂不是自找苦吃，自我贬损，失去的多，而究竟得到了什么？我要回答的是：一个好人，在物质上或在感官上享乐上似乎失去了一些，比如，不去四川开会，便失去了见到举世闻名的乐山大佛、欣赏九寨沟的奇妙风光的机会。但事实上，我所得到的，比这甚多甚大。欣赏风景之趣更不能和领略人生真境之乐同日而语。我不知道通过参加在风景区召开的一次会议，人对真正的领悟或知识技能的提高有多大的增益。我也说不准一顿鲍鱼、海参究竟能给人增加多少营养。但我却真切地感受到：当抵御了一次强烈的诱惑之后，会让人觉得自己是个值得让自己尊重、满足和信任的人，是个能用良知战胜卑私的强者。那种心安理得、欢畅明澈的幸福感，我相信，就远不是那些游玩者所能享受到的了。一个人一旦明悟了自己的责任和使命，再以无所畏惧的意志来躬行、精进、日新、又日新，这样就能在人生的道路上不断有所超拔和收获，生命之花就能徐徐绽放，璀璨而芬芳。当你堂堂正正地生活、坦坦然然地工作、光明磊落地处世时，你会觉得自己是透明的，是喜乐的，是清静的，是完整的。

（晓草）

人生若只如初见

有些情绪总爱在无边的黑夜里悄然滋生，疯长弥漫，明明可以在阳光下掩藏很好的思潮，却突然在这样的柔美中暴露无遗。

生命里总有那样一群人、一些事需要你用此生的时光去忘记，可是当旅途渐行渐远，风景越看越多，理所应当地认为自己已更成熟的时候，却突然明白那些想去忘掉的记忆愈加深刻，似乎只要有一丝微小的变数，就会让它们膨胀变大，然后冲出压抑已久的空间。

这样实在可怕，因为隔着万恶的时间，我们很容易就会对最初的那抹微笑一丝感情也不剩下，从煽情说到漠然，从漠然说到寡淡，再从寡淡极不情愿地一点一点地绕回来，还是那些当初的人、还是那些偏执的念想、还是那道月光，说得无滋无味，总好过遗忘；历历在目，总好过失明。

故事发展伊始的那个遥遥开头，总让一切带有伪装。所以，我一直认为时间就是衡量万物的唯一标准，感情深否、关系好否、笑容真否，都是时间沉积下来的产物。在很久很久以前，有怎样怎样的人；在某一天，发生了怎样怎样的事……有着这样开端的故事都让人甚感美好。

人生若只如初见，多好，有人可在匆匆对视后便毅然地转身离去，沧海桑田，滂沱分崩，也不会电影般地一幕幕接逐上演，进而引出过于悲凉的结局。

若那么多迷离的记忆都能成为身外之物，我们的人生是不是可以用轻快的步调走尽？

有人说："如果有一天我们湮没在人潮中，庸碌一生，那是因为我们没有努力过得丰盛。"如此这般，当华丽的年岁逝去后，才能知其美好，却再也回不到最初，了解了故事的开端就不可能会让你再猜出结局，可就是这每一次的失落感让我们有了任凭生活玩弄也要走到头去看看结局的好奇心。

当一切到了尽头，沧海桑田最终化为心痕，即使风雨兼程，也只是冷暖自知，为了忘却的记念，我们终将面对阳光，悠然成长。

人生若只如初见，我仍是有小小羊角辫的顽皮小孩，你仍是某个午后我在满是香樟的街道上偶然遇见的路人，所以你没有如水的微笑，我没有傻傻地问好，然后呢？也就没有那终于做了努力却迫于流变的遭际和最终不得不狠心转身离去的无奈。

可是，在冰冷的现实里哪会有那么多如果？有些人走了就真的是离开了，有些人就在你面前，却咫尺天涯。现在的我们，执手相看那一汪汪秋水，怀念着儿时的伙伴和回也回不去的昨天。

可它们势必只能放在记忆里，留下轻轻浅浅的倒影，能让我们在某些时候想起，于是便把自己的生活误解为充实，也就更加放纵自己执着于早已不在的往昔中，意犹未尽地回想着每一次相遇与别离，只有这样才能想象空荡的四周挤满了人，才能想象路灯下是影子的叠加，才能想象有人会被我如此相信。

好吧，就让该来的来，该走的走，我们只要静静接受就好，做不了主宰者就做个安分的承受者。

人生若只如初见，你是否仍旧会穿白色衬衫，在阳光下对我浅浅微笑。人生若只如初见，我一定牵住你的手告诉你，我离不开你。

（刘静）

淡泊处世

什么是淡泊？《辞海》上说：淡泊是怡淡寡欲。保持一种宁静自然的心态，不追逐虚妄之事，修养品性，与大自然同步，这就是淡泊的真正含义。

有的人在激烈的竞争中败下阵来，无心奋起，于是自我标榜"淡泊"，这是误解，淡泊不是消极；有的人在感情游戏中受到挫折，心灰意冷，于是声言心如古井，再不掀波，从此"淡泊"，这同样是误解，冷漠不等于淡泊。雄心万丈，壮志难酬，于是谈论淡泊，这是颓废者的自暴自弃；无才无德，碌碌无为，却号称淡泊，这是低能儿的自我安慰。

诸葛亮《诫子书》中说："非淡泊无以明志，非宁静无以致远。"我想，诸葛亮的意思是对一些小的功利性目的淡泊了，才能立大志；在平静中仔细思索权衡了，才能确定长远目标。由此他才写出催人泪下的《出师表》，才会不顾自己年迈体弱而七擒孟获、六出祁山，最后魂归五丈原。"鞠躬尽瘁，死而后已"，就是他的真实写照。

人生在世，不可能指望一生都显出露水，所以不必因为自己平淡无奇而自怨自艾，但也不能因为自己人微言轻而停止追求、碌碌无为。哪一天你能把打击、失意和挫折当成是"塞翁失马"，那时你就做到了真正意义上的淡泊。此后，不论再遇到什么样的失意和挫折，都要保持豁达乐观、坦荡平和的淡泊心境。记住孙中山先生所说的话："人生不如意事十之八九，顺心事百之一二。"这样，不论顺境逆境，都能泰然处之，始终如一，沉着乐观地生活和奋斗。

淡泊是一种心态，也是一种品格。淡泊追求的是人生的最高境界，有所求而亦无所求，耐得繁华又耐得寂寞，所以顺利时不怡然自得，逆境时不妄自菲薄，视坎坷如坦途，视波折为必然。宠辱不惊，悉由自然，在努力中体验欢乐，在淡泊中充实自我。我想，这才是淡泊的境界，这才是真正的淡泊处世。

（颜逸卿）

宽容的力量

宽容的确是一种美德。

温暖的宽容也的确让人难忘。

不妨让我们看两个例子。

公共汽车上人多，一位女士无意间踩疼了一位男士的脚，便赶紧红着脸道歉说："对不起，踩着您了。"不料男士笑了笑："不不，应该由我来说对不起，我的脚长得也太不苗条了。"哄的一声，车厢里立刻响起了一片笑声，显然，这是对优雅风趣的男士的赞美。而且，身临其境的人们也不会怀疑，这美丽的宽容将会给女士留下一个永远难忘的美好印象。

一位女士不小心摔倒在一家整洁的铺着木板的商店里，手中的奶油蛋糕弄脏了商店的地板，便歉意地向老板笑笑，不料老板却说："真对不起，我代表我们的地板向您致歉，它太喜欢吃您的蛋糕了！"于是女士笑了，笑得挺灿烂。而且，既然老板的热心打动了她，她也就立刻下决心"投桃报李"，买了好几样东西后才离开了这里。

是的，这就是宽容——它甜美。它温馨。它亲切。它明亮。

它是阳光，谁又能拒绝阳光呢！

于是想起了丘吉尔。

二战结束后不久，在一次大选中，他落选了。他是个名扬四海的政治家，对于他来说，落选当然是件极狼狈的事，但他却极坦然。当时，他正在自家的游泳池里游泳，是秘书气喘吁吁地跑了来告诉他："不好！丘吉尔先生，您落选了！"不料丘吉尔却爽然一笑说："好极了！这说明我们胜利了！我们追求的就是民主，民主胜利了，难道不值得庆贺？朋友劳驾，把毛巾递给我，我该上来了！"真佩服丘吉尔，那么从容，那么理智，只一句话，就成功地再现了一种极豁达大度极宽厚的大政治家的风范！

　　还有一次，在一次酒会上，一个女政敌高举酒杯走向丘吉尔，并指了指丘吉尔的酒杯，说："我恨你，如果我是您的夫人，我一定会在您的酒里投毒！"显然，这是一句满怀仇恨的挑衅，但丘吉尔笑了笑，挺友好地说："您放心，如果我是您的先生，我一定把它一饮而尽！"妙！果然是从容不迫。不是吗？既然您的那句话是假定，我也就不妨再来个假定。于是就这么一个假定，也就给了对方一个极宽容的印象，并给了人们一个极重要的启示——原来，你死我活的厮杀既可做刀光剑影状，更可以做满面春风状。

　　是的，这就是宽容！一种大智慧！一种欠聪明！

　　有句老话：有容乃大。恰如大海，正因为它极谦逊地接纳了所有的江河，才有了天下最壮观的辽阔与豪迈！

　　像海一般宽容吧！那不是无奈，那是力量！

　　既然如此，何不宽容——即便是与对手争锋时。

（张玉庭）

幸福胜过一切

作家史铁生在《病隙碎笔》中说："发烧了，才知道不发烧是多么清爽；咳嗽了，才知道不咳嗽是多么安详。只有用心去感悟，才能体会到拥有健康是多么幸福！"

不小心被树枝划破了额头，懂得感悟幸福的人不会抱怨，因为没有伤到眼睛；登山时不慎将金项链滑落悬崖，懂得感悟幸福的人不会伤心，因为掉下去的不是自己……许多事故、意外、失落，只要想到最严重的后果，就会觉得不幸中的大幸时时拨动着幸福的心弦。

有人说，如今有钱就幸福，钱越多越幸福。但有消息说：近几年我国有多位亿万富豪先后自杀。不论出于何种原因自杀，最起码活着的幸福感在他们心目中已经荡然无存，可见"钱越多越幸福"的说法靠不住。

富翁有富翁的苦恼，穷人有穷人的幸福；富豪可能日赚几万甚至几十万，却感受不到幸福，而进城打工的农民每天能挣几十块钱就感到十分满足了。同样的社会，同样的生存，不是生活中缺少幸福，而是缺少感悟幸福的心态。

古希腊有个人整天感到自己痛苦不堪，便去问苏格拉底在哪里能找到幸福，苏格拉底郑重地为他祈祷一番，说："今年你每天都会幸福。"

一年后，那人又找苏格拉底说："我今年还和去年一样，什么事也没发生，哪有什么幸福？"

苏格拉底说："今年在战争中死伤了那么多人，病死了那么多人，饿死了那么多人，你没死没伤没病有饭吃，怎么会不幸福呢？"

其实，生活中处处存在幸福，就看我们如何去感悟。学会感悟幸福，是超脱的生活态度、睿智的人生境界。感悟到幸福，就能享受快乐、拥有美好、保持健康。

（周文洋）

善待自己的最高境界

在人生的旅途上，一路走来，我们需要定期打开行囊，减轻重量，然后继续前进。在这个行囊中，需要珍存的是美好的一切，而应该放弃的就是不快乐的记忆。许多人终其一生，也不肯忘怀他人有意或无意中对自己造成的心灵伤害，久而久之，这些就成为精神负担。背负着沉重的心灵负荷，人生岂能快乐。

美国著名的心理学家威廉·詹姆斯说："我们这一代最重大的发现是，人能改变心态，从而改变自己的一生。"的确，人生的成功或失败，幸福或坎坷，快乐或悲伤，有相当一部分是由人自己的心态造成的。

我们有时可以跨越前进路上的一切障碍，却无法摧毁那道厚厚的心墙。其实，人的心态是随时随地可以转化的。一个人心里想的是快乐的事，他就会变得快乐；心里想的是伤心的事，心情就会变得灰暗。

于不断的反思中，学会放下，就是人生的必修课。对自己说，人生于世，只要无愧于心，那么，宁静的生活，就是一个人所能够获得的最好的生活。释放心灵的重负，忘却那些应该被淡忘的人与事，是一种快乐。人生的路上，应该云淡风轻。

原来，善待自己的最高境界，就是原谅别人。一个人，只有从内心深处原谅了别人，才算是真正地善待自己。

（夏爱华）